湖南种植结构调整暨产业扶贫实用技术丛书

麻类作物
栽培利用新技术

maleizuowu
zaipeiliyongxinjishu

主　　编：揭雨成

副 主 编：邢虎成　巩养仓　佘　玮

编写人员：揭雨成　邢虎成　巩养仓　佘　玮
崔国贤　杨瑞芳　刘飞虎　喻春明
彭源德　黄思齐　成雄伟　佘伟明
吴碧波　汪亚梅　钟英丽　朱守晶
张　英　黄承建　邓荟芬　吴胜兰
揭红东　马玉申

湖南科学技术出版社

《湖南种植结构调整暨产业扶贫实用技术丛书》
编写委员会

主　任：袁延文

副主任：陈冬贵　何伟文　唐道明　兰定国　刘益平　唐建初　马艳青
邹永霞　王罗方　罗振新　严德荣　袁正乔　龙志刚

委　员（按姓氏笔画排序）：
丁伟平　王　君　王元宝　左　宁　巩养仓　成智涛　任泽明
朱秀秀　向　敏　许靖波　汤绍武　刘志坚　李　东　肖小波
何德佳　宋志荣　张利武　张阳华　邱伯根　陈　岚　陈岱卉
陈海艳　陈富珍　陈新登　周志魁　单彭义　饶　嘉　钟武云
姚正昌　殷武平　唐满平　黄铁平　彭　妙　蒋勇兵　蔡小汉
谭建华　廖振坤　薛高尚　戴魁根

序言
Preface

重农固本是安民之基、治国之要。党的“十八大”以来，习近平总书记坚持把解决好“三农”问题作为全党工作的重中之重，不断推进“三农”工作理论创新、实践创新、制度创新，推动农业农村发展取得历史性成就。当前是全面建成小康社会的决胜期，是大力实施乡村振兴战略的爬坡阶段，是脱贫攻坚进入决战决胜的关键时期，如何通过推进种植结构调整和产业扶贫来实现农业更强、农村更美、农民更富，是摆在我们面前的重大课题。

湖南是农业大省，农作物常年播种面积 1.32 亿亩，水稻、油菜、柑橘、茶叶等产量位居全国前列。随着全省农业结构调整、污染耕地修复治理和产业扶贫工作的深入推进，部分耕地退出水稻生产，发展技术优、效益好、可持续的特色农业产业成为当务之急。但在实际生产中，由于部分农户对替代作物生产不甚了解，跟风种植、措施不当、效益不高等现象时有发生，有些模式难以达到预期效益，甚至出现亏损，影响了种植结构调整和产业扶贫的成效。

2014 年以来，在财政部、农业农村部等相关部委支持下，湖南省在长株潭地区实施种植结构调整试点。省委、省政府高度重视，高位部署，强力推动；地方各级政府高度负责、因地制宜、分类施策；有关专家广泛开展科学试验、分析总结、示范推广；新型农业经营主体和广大农民积极参与、密切配合、全力落实。在各级农业农村部门和新型农业经营主体的共同努力下，湖南省种植结构调整和产业扶贫工作取得了阶段性成效，集成了一批技术较为成熟、效益比较明显的产业发展模式，涌现了一批带动能力强、示范效果好的扶贫典型。

为系统总结成功模式，宣传推广典型经验，湖南省农业农村厅种植业管理处组织有关专家编撰了《湖南种植结构调整暨产业扶贫实用技术丛书》。丛书共 12 册，分别是《常绿果树栽培技术》《落叶果树栽培技术》《园林花卉栽培技术》《棉花轻简化栽培技术》《茶叶优质高效生产技术》《稻渔综合种养技术》《饲草生产与利用技术》《中药材栽培技术》《蔬菜高效生产技术》《西瓜甜瓜栽培技术》《麻类作物栽培利用新技术》《栽桑养蚕新技术》，每册配有关键技术挂图。丛书凝练了我省种植结构调整和产业扶贫的最新成果，具有较强的针对性、指导性和可操作性，希望全省农业农村系统干部、新型农业经营主体和广大农民朋友认真钻研、学习借鉴、从中获益，在优化种植结构调整、保障农产品质量安全，推进产业扶贫、实现乡村振兴中做出更大贡献。

丛书编委会

2020 年 1 月

目 录

Contents

第一章 概述

第一节 麻类作物的种类及分布 …………………… 1

一、麻类作物的种类 …………………………………… 1

二、主要麻类作物的分布 ……………………………… 2

第二节 麻类作物的用途及产业化 ………………… 7

一、麻类作物的用途 …………………………………… 7

二、麻类作物的产业化 ……………………………… 13

第二章 麻类作物的品种

第一节 苎麻的品种 ……………………………… 18

一、苎麻植物学分类 ………………………………… 18

二、苎麻优良品种介绍 ……………………………… 19

第二节 黄麻、红麻的品种 ………………………… 28

一、黄麻的分类及优良品种 ………………………… 28

二、红麻的分类及优良品种 ………………………… 31

第三节　亚麻、汉麻的品种 …… 34
一、亚麻的分类及优良品种 …… 34
二、汉麻的分类及优良品种 …… 41

3 第三章 麻类作物繁育技术

第一节　麻类作物有性繁殖技术 …… 51
一、苎麻种子繁殖的优势 …… 51
二、苎麻种子繁殖存在的问题 …… 52
三、苎麻种子繁殖的生理基础 …… 52
四、苎麻种子繁殖技术 …… 52

第二节　苎麻无性繁殖技术 …… 55
一、苎麻无性繁殖的生理基础 …… 55
二、分蔸繁殖 …… 56
三、分株繁殖 …… 57
四、压条繁殖 …… 57
五、插条繁殖 …… 58
六、组织培养繁殖 …… 59
七、无性繁殖技术进程 …… 59

4 第四章 苎麻高产优质栽培技术

第一节　新栽麻高产优质栽培技术 …… 64
一、新麻园的整地与施肥 …… 64

二、栽植时期 …………………………………………… 65
三、栽植密度与方式 ……………………………………… 66
四、田间管理 …………………………………………… 68
五、苎麻“三当”技术 …………………………………… 69

第二节　壮龄麻高产优质栽培技术 ……………… 72
一、苎麻产量构成因素及与环境条件的相互关系
…………………………………………………… 72
二、中耕除草 …………………………………………… 73
三、施肥 ………………………………………………… 73
四、排灌技术 …………………………………………… 74

第三节　苎麻冬培及间套作技术 ………………… 75
一、苎麻冬季培土 ……………………………………… 75
二、苎麻间套作技术 ……………………………………… 78

5
第五章
红麻、黄麻高产优质栽培技术

第一节　红麻高产优质栽培技术 ………………… 80
一、播前准备与苗期田间管理 ……………………… 80
二、适时早播争全苗 ……………………………………… 82
三、促苗早发 …………………………………………… 83
四、合理密植，构建红麻高产群体结构 ………… 84
五、红麻高产田的施肥技术 ………………………… 84
六、高产红麻的灌溉技术 …………………………… 85
七、病虫害防治 ………………………………………… 86
八、红麻的收获 ………………………………………… 86

第二节　黄麻高产优质栽培技术 …………………… 87
一、麻田的建设与整地 ………………………………… 87
二、播种、育苗、移栽 ………………………………… 88
三、间苗、定苗与中耕、除草 …………………………… 89
四、合理密植 …………………………………………… 90
五、施肥 ………………………………………………… 90
六、排灌技术 …………………………………………… 91
七、病虫害防治 ………………………………………… 92
八、黄麻纤维的收获 …………………………………… 92
九、留种 ………………………………………………… 92

6 第六章 亚麻、汉麻高产优质栽培技术

第一节　亚麻高产优质栽培技术 …………………… 94
一、亚麻栽培学基础 …………………………………… 94
二、亚麻栽培技术 ……………………………………… 95

第二节　汉麻高产优质栽培技术 ……………… 102
一、耕作与施肥 ……………………………………… 103
二、播种 ……………………………………………… 103
三、种植密度 ………………………………………… 105
四、田间管理 ………………………………………… 106
五、病虫害防治 ……………………………………… 108
六、收获 ……………………………………………… 108
七、留种 ……………………………………………… 110

第七章 麻类作物病虫害防治技术

第一节　苎麻病虫害防治技术 …………………… 112

第二节　黄麻、红麻病虫害防治技术 ………… 116
一、黄麻病虫害防治技术 ……………………… 116
二、红麻病虫害防治技术 ……………………… 120

第三节　亚麻、汉麻病虫害防治技术 ………… 124
一、亚麻病虫害防治技术 ……………………… 124
二、汉麻病虫害防治技术 ……………………… 125

第八章 麻类作物收获机械

第一节　纤维苎麻和饲用苎麻收获机械 ……… 129
一、纤维苎麻收获机械 ………………………… 129
二、饲用苎麻收获机械 ………………………… 135

第二节　黄麻、红麻收获机械 ………………… 138
一、收割机械 …………………………………… 139
二、剥制机械 …………………………………… 141
三、洗麻机械 …………………………………… 146

第三节　亚麻、汉麻收获机械 ………………… 147
一、亚麻收获机械 ……………………………… 147
二、汉麻收获机械 ……………………………… 149

第九章 麻类作物脱胶技术

第一节　苎麻脱胶技术…… 153
一、化学脱胶 …… 153
二、生物脱胶 …… 155

第二节　黄麻、红麻脱胶技术 …… 156
一、黄麻脱胶技术 …… 156
二、红麻脱胶技术 …… 158

第三节　亚麻、汉麻脱胶技术 …… 159
一、亚麻脱胶技术 …… 159
二、汉麻脱胶技术 …… 161

第十章 麻类作物综合利用技术

第一节　苎麻（全株）饲用技术 …… 165
一、饲用苎麻种质资源 …… 165
二、营养价值及产量 …… 166
三、（全株）饲用技术 …… 167

第二节　麻类副产物综合利用技术 …… 171
一、苎麻 …… 171
二、黄麻 …… 173
三、红麻 …… 174
四、亚麻 …… 177
五、汉麻 …… 180

第一章
概述

第一节　麻类作物的种类及分布

一、麻类作物的种类

麻类作物是我国的特色经济作物，产品出口创汇能力强，农业经济效益比较高，有较强的国际市场竞争优势，麻类的产量、面积和单产在全世界处于绝对优势地位。我国植麻历史悠久，麻类种类繁多，几乎囊括世界上的主要麻类作物，可以分为韧皮纤维作物和叶纤维作物。

韧皮纤维作物为双子叶植物，利用其茎的韧皮纤维具有质地柔软的特点，是纺织工业的重要原料，商业上称其为“软质纤维”，我国栽培的主要有苎麻、亚麻、汉麻、红麻、黄麻、青麻等；叶纤维作物为单子叶植物，利用其叶片或叶鞘的维管束纤维具有质地粗硬的特点，适于制缆索，商业上称其为“硬质纤维”，我国栽培的主要有龙舌兰麻，包括剑麻、灰叶剑麻、番麻、假菠萝麻等。此外，我国还有丰富的野生纤维植物资源，可用于纺织和制绳索，如罗布麻等，广泛利用野生纤维资源是解决我国某些轻工业原料不足的一个重要途径。苎麻、青麻原产于我国，汉麻、黄麻，我国是原产地之一，红麻、亚麻、龙舌兰麻，则是先后从国外引进的。目前生产上主要栽种的麻类作物有苎麻、黄麻、红麻、亚麻、汉麻和剑麻等。其中苎麻全世界种植面积达 52844 hm^2，总产量为 106753 t，主产国是中国，占世界产量的97.54%，排名第二的是老挝，然后是巴西、日本、韩国，菲律宾有少量生产。黄麻、红麻全世界的种植面积为 1546953 hm^2，总产量为 3633550 t，主产国是印度和孟加拉国。亚麻全世界的种植面积为 240293 hm^2，总产量为868374 t，法国产量最多，达 660107 t，占世界产量的 76.02%。汉麻全世界的种植面积为 32140 hm^2，总产量为 142883 t，法国产量最多，达 125362 t，占世界产量的 87.74%；中国生产 11822 吨，占世界产量的 8.27%，排名第二。

二、主要麻类作物的分布

我国麻类作物分布广泛，可依据各个产区的特点和麻类生产的现状及发展趋势，划分为华南区、长江中下游区、云贵高原区、黄淮海区、东北区、西北区等 6 个自然区。各产区的地理条件复杂，气候跨越热带、亚热带、北温带，在不同的自然环境里，蕴藏着丰富的麻类资源。所以说我国是世界上麻类作物种类最多，分布也最广的国家。以下介绍我国主要栽培的麻类作物分布：

（一）苎麻

我国苎麻（图 1-1）分布于北纬 19°~36° 间，南起海南省，北至秦岭和淮河流域的广大地区。主要分布在气候温暖、雨量充沛、土壤肥沃的长江中下游，以湖南、湖北、四川省最多，其次是安徽、江西、广西、贵州、云南、台湾、福建、浙江、江苏、河南、陕西等省（自治区）。湖南省苎麻总产量居全国第一位，产麻较多的市（县）有沅江、汉寿、南县、华容、益阳、桃源、永定区、吉首、凤凰、嘉禾、茶陵等。湖北省苎麻面积和产量居全国第二位，全省各县（市）都有苎麻栽培，以鄂东南的咸宁地区为主产区。产麻较多的县（市）有阳新、嘉鱼、咸宁、蒲圻、大冶、蕲春、武穴、武昌、恩施、洪湖、仙桃等。四川省苎麻总产仅次于湖南、湖北两省，居全国第三位。主要分布在川东的丘陵山区。以大竹、达县、邻水、渠水、宣汉等县产麻较多。重庆市苎麻种植主要分布在涪陵区，其中以彭水、秀山、武隆最多。安徽省苎麻主要分布在黄山、大别山和沿长江两岸的丘陵区，其中以淮北、青阳、巢湖、贵池等县（市）种植面积较大。江西省全国各县（市）

都有苎麻，以瑞昌、都昌、九江、分宜、宜春、上高、万载等县较多。广西苎麻以平乐、阳朔、荔浦等县较多，其次为灌阳、隆林、恭城、宾阳、鹿寨、象州、靖西等县。台湾省主要分布在台北、新竹、台南、高雄、台中等县。浙江省分布在天台、临海、诸暨、嵊州、镇海、象山等县（市、区）。江苏省分布在江宁、溧水、高淳等县（区）。贵州省分布在正安、沿河、桐梓、道真、务川、紫云等县。云南省分布较分散，昭通、曲靖、思茅、大理、保山、丽江、临沧、西双版纳等地（州）区都有零星栽培。以个旧、楚雄、宜良、大关、盐津、永善、绥江等县（市）较多。广东省分布在乐昌、英德、曲江、兴宁、阳江、保亭等县、市（区）。福建省分布在罗源、霞浦、周宁、大田、福鼎、福安等县（市）。陕西省主要分布在汉水流域的汉中、安康两个地区，商洛地区也有栽培。河南省主要分布在正阳、固始等县。

图 1-1　苎麻

（二）黄麻

我国黄麻（图 1-2）种植面积较小，主要为红麻所替代。目前，全国种植面积不足 10000 亩。

图 1-2　黄麻

（三）红麻

我国红麻（图 1-3）产区分布较广，以河南、安徽、广东、广西、浙江、江苏、山东、河北、辽宁等省（自治区）面积较大，其次为湖北、四川、湖南、福建、江西、陕西、贵州等省，新疆、台湾、山西、云南、天津、北京等省（市、自治区）也有一定的栽培面积。各省红麻产区的分布情况如下：河南省各地都有栽培。主要分布在淮河流域，以固始、潢川、息县、扶沟、西华、汝南、社旗、唐河等地栽培较多。安徽省主要在阜阳、宿县、六安、滁县等地，重点产麻县有霍邱、阜南、怀远、颍上等。山东省主产麻区在德州、济宁、菏泽等地。广东省主产区分布在湛江、汕头等地。广西产麻区分布在玉林、梧州、桂林、柳州、钦州等地，以玉林、平南、陆川、合清等县产麻较多。浙江省主产麻区为萧山、余杭、上虞、海宁等地。湖北省主要分布在荆州地区，其次是襄阳市、黄冈市，监利、仙桃、石首、江陵、潜江、公安、天门、洪湖等地为主产区。湖南省的南县、华容、汉寿、沅江、湘乡等县（市）较多。江苏省的沭阳、泗洪、邳县等县，河北省丰润、玉田、兴隆县、霸州、晋州也有分布。新疆分布在伊犁河谷的伊宁、霍城和天山南麓的巴楚等县。北京、天津市的各县也有零星种植。

图 1-3　红麻

（四）汉麻

我国汉麻（图 1–4）种植比较集中，松嫩平原和黄淮流域为主要产区，其中黑龙江省栽培面积最大，约占全国的 1/3。吉林、山东、山西、辽宁、安徽、甘肃等省也较多。河南、内蒙古、四川、云南、新疆、陕西、湖北、江苏、宁夏、浙江、西藏、青海等省（自治区）也有种植。我国汉麻的主产地有：黑龙江省海伦、拜泉、讷河、望奎、五常、巴彦、依安、兰西、青冈、明水等县（市）。吉林省榆树市、德惠市。安徽省六安市霍邱县。山东省肥城、泰安、莱芜等地。河北省蔚县、围场等县。山西省长子、广灵等地。河南省固始、濮阳县。辽宁省西丰县和凌源市。内蒙古赤峰市。甘肃省华亭、武威、临夏等地。新疆石河子市、塔城市等，四川省温江、郫县、崇庆等地。从历史上说河北的蔚州麻、山东的莱芜麻及山西的潞安麻，纤维品质最好，是出口的汉麻纤维。

图 1–4　汉麻

（五）亚麻

亚麻（图 1–5）分为纤维用、油用、油纤兼用等不同类型，在我国纤维用亚麻产区比较集中，主要分布在松花江、嫩江流域和三江平原上，以黑龙江省的栽培面积最大，占全国的 85% 以上。其次为吉林、内蒙古、宁夏、辽宁等省（自治区）。湖南、四川等省也有少量作冬作栽培。亚麻的主产地有：黑龙江省的兰西、海伦、巴彦、双城、延寿、勃利、依兰等地。油用亚麻（胡麻）在我国栽培历史悠久，主要分布在内蒙古自治区，栽培面积曾达300多万亩，山西的雁北地区、河北的张家口地区、宁夏的银川地区、甘肃的平凉地区，以及新疆等地均有分布。近年来，西北胡麻栽培地区逐渐改种油纤用亚麻。

图 1-5　亚麻

（六）龙舌兰麻

我国的广东、海南、广西等省（自治区）是龙舌兰麻（图 1-6）的生产基地。种植面积占全国的 80%。广东主要分布在湛江、佛山的 20 多个县和国有农场。广西主要分布在玉林、南宁、百色等地的 20 多个县。此外，台湾、福建、云南、四川的西昌及浙江的温州等地也有一定栽培面积。

图 1-6　龙舌兰麻

第二节　麻类作物的用途及产业化

一、麻类作物的用途

麻类纤维与棉、毛、丝合称四大天然纤维。不同麻类作物的纤维各具特点，是纺织、造纸、包装、绳索等制造工业的重要原料。与化纤相比，有着无可比拟的前景，因为化纤的原料主要来自石油，而石油属不可再生资源，有限的石油应当首先用于发展交通运输业。目前，石油提价，使化纤成本增加，而且化纤形成的白色污染引起了消费者的高度重视，根据对不可再生资源的合理利用和国家对环保工作的要求，化纤市场会受到进一步限制，而作为天然纤维的麻类作物因其优良的特性将获得良好的发展机遇。目前，麻类作物的用途广泛，主要有如下几方面。

（一）纤维用

苎麻是我国的特产，其纤维细长精美，有丝光，其拉力在麻类纤维中最大，比棉花大 8~9 倍，吸湿后纤维强度更大。其纤维经变性处理后，柔软度、抱合力和纤维支数增加，与棉、毛、丝和化学纤维混纺交织成的麻涤布、麻棉、麻毛、麻丝、麻毛涤布等衣料，是夏季理想的高级衣料，也是优良的西服面料；还能中长纺、短纺多种花色品种。此外，苎麻还可大量用于制造渔网、传动带、皮卷尺、电线包皮、帆布、飞机翼布、降落伞、炮衣、轮胎底布等。苎麻通过深度加工，增值幅度大。还可用作卫生保健用品、旅游产品、装饰用纺织品、工业产业用纺织品。

黄麻、红麻经过变性后可精纺成高档服装和装饰用布等，可织出毛线、布匹、地毯、贴墙布、窗帘、购物袋等。制成的麻袋包装粮食、砂糖、食盐、化肥等，能很好地保持其干燥和清洁，而且经久耐用。

亚麻纤维细软强韧、吸湿性强、散湿散热快，织物易洗、凉爽宜人、服用性能好，生产亚麻纯纺产品及其与棉、丝、毛、化纤的混纺交织产品，用于纺制高支纱，织造亚麻细布，开发高级夏令时装；可充分发挥亚麻纤维银白色、有光泽的特性，开发保健、装饰用品和抽纱绣工艺用布，织造各种高档床单、床罩、窗帘、台布、桌布和餐巾以及纺制粗支纱，生产高档西装面料。还可开发亚麻包装用品、工业用品和纸制品。

汉麻韧皮纤维纤细、洁白、柔软、强力高，具丝状，吸湿性好，散湿散热快，耐腐蚀，比苎麻、亚麻细，纤维强度比棉花高，与苎麻接近；平均长度略长于棉花；织物回潮率变化大，吸湿散热敏感，手感挺括、滑爽，具有麻的风格、棉的舒适、丝的光泽。可与棉、毛、涤纶等混纺多种花色的纺织品，织出的高档服装面料畅销国际市场；能织成多种风格的台布、窗帘、床罩、贴墙布等装饰用布；可造高档纸、作造船或管道的填缝品、制绳和麻袋、织麻布；还可代替亚麻、苎麻织成精美的抽纱布、工艺布等。

剑麻是制绳的重要原料。其纤维可制作舰艇和渔船的绳缆、绳网、帆布、防水布、汽车轮胎和钻探、伐木、吊车的钢索绳以及机器的传送带、防护网等，可纺织麻袋、地毯、麻床、帽、漆帚、马具等日用品，可纺织布匹，与塑料压制硬板作建筑材料等，因而经济价值大，广泛为国防、渔业、森工等部门应用。

罗布麻被誉为“野生纤维之王”，其纤维细、洁白、柔软、强力高、具丝状、吸湿性好、散湿散热快、耐腐蚀；细度与拉力超过细羊毛，品质优于长绒棉、亚麻、苎麻、汉麻，单纤维绝对强力比棉花大 5~6 倍，与棉、毛、丝混纺，可制成数十种优良衣料，不仅可节约棉、毛、麻 30%~50%，而且色彩绚丽，坚韧柔软，透气性好。

（二）造纸用

几乎各种麻类作物均可用来造纸，但目前主要利用的是黄麻、红麻全秆。自 1960 年美国通过对 500 余种造纸用一年生植物筛选，确认红麻为最有希望的造纸用非木材纤维作物之后，有关大学及工业组织协作，对全秆红麻用于造纸作了从种植、收获、工厂制浆造纸到印刷等一系列研究，证实了红麻可作为更新造纸用纤维资源技术的可行性，持续到今日已进入到应用阶段并着重于红麻新闻纸商品化生产。美国从 1987 年开始在得克萨斯州南部建造红麻新闻纸厂，此外，泰国早在 1982 年就建成一座年产 70000 t 的全秆红麻浆厂，生产红麻商品浆。我国从 1983 年起即对红麻全秆制浆造纸进行研究，提出了用红麻全秆代替木浆造纸，并相应建起原料基地和年产万吨的纸浆工厂。同时全国已有湖南、河南、江苏、山东等地 30 余家造纸厂和各种造纸研究所合作，进行了红麻全秆制浆代替木浆生产牛皮箱板纸、打字纸、新闻纸等品种的小试、中试和批量生产。孟加拉国和印度是世界黄麻、红麻主要生产国，其纤维产量居世界前两位，俩国利用低等黄麻、黄麻下脚料和全秆黄麻代替竹、木材等材料造纸。

（三）建筑材料用

麻骨的用途也很广，用它制的纤维板，可作天花板、内墙板和桌、椅、床、柜、书架及包装箱等。低密度的麻骨纤维板，吸音和隔热性能很高，用于建筑隔音室或恒温室尤为理想。麻骨纤维板特别坚硬，体积稳定，不易变形，易于染色和油漆，机械加工和胶合方便，有些特性胜过木材板。汉麻骨是建筑业的防热材料，以出产三七闻名的云南文山地区，用麻秆搭三七的遮荫棚，经济、耐用；苎麻骨中纤维素含量和纤维形态类似阔叶树种，每亩苎麻一年可收麻骨 500 kg 以上，用 2000 kg 麻骨可生产 1 m^3 硬质纤维板或 1.3 m^3 中密度纤维板，2 万亩麻骨可供一年产 5000 m^3 纤维板厂的原料，年获利可达 50 万元，并可节省木材 3 万 m^3，1 t 红麻骨可制成纤维板 1 t。

黄、红麻麻骨还可用来生产木炭、活性炭和作某些纤维素制剂的原料。麻骨化学成分与硬质木材相似，用低温碳化法，以麻骨为原料可生产成本低的优质木炭。据试验，将麻骨碎片压紧，高温也能碳化，并可固定 80%~85% 的碳，如果加工得当，可成为二硫化碳生产的化学碳来源。用氯化锌和磷酸作为激活剂，利用麻骨可生产活性炭。麻骨还可作为生产黏胶人造丝、硝酸纤维素、醋酸纤维素、羧甲基纤维素、微晶纤维素等纤维素制剂的原料。汉麻秆和根炭化后是作鞭炮用炭粉的极好材料。

（四）药用

据有关资料报道，不少麻类作物的根、叶、花、果、种子等都具有良好的药用价值。

苎麻的根、叶作为药用，在16世纪就有证可考，据《本草纲目》记载：苎麻根有补阴、安胎、治产前产后心烦以及敷治疔疮等效用。20世纪70年代以来，我国医学工作者对苎麻根的化学成分和药理作用进行了研究。1984年南京药学院根据苎麻叶止血成分——绿原酸，人工合成咖啡酸和咖啡酸胺，实验证明二药均能明显缩短出血时间和凝血时间；湖南农学院药理教研室对苎麻根有机酸防治家畜疾病的效果作过研究，经体外抑菌试验证明，苎麻根有机酸、生物碱有抗菌作用。这一结果与我国早期医著记载苎麻根有“清热解毒，治阴性肿毒”的功用相符。

黄麻种子含黄麻苦味质，强心苷类、黄麻苷、黄麻素，并含脂肪油，此外，尚含有黄麻糖、棉子糖、花生酸等。动物实验证明黄麻苷有显著的强心利尿作用，其作用与毒毛旋花子苷相似。圆果黄麻苷和长果黄麻苷特别适合于治疗心力衰竭及窦性心律不齐等疾病，黄麻叶含有花青素，圆果黄麻叶含有固醇，具有强心作用。印度有把黄麻干叶用于治疗蛔虫、红疹、癞病的，长果种黄麻叶可用于治气喘、痰症。

关于罗布麻的防治疾病作用，早期医著就记载有“清热、平肝、养心、安神、利尿、消肿之功”。据分析，罗布麻化学成分含黄酮苷、酚性物质、有机酸、氨基酸、还原物质、多糖苷、鞣质、固醇、甾体皂苷元和三萜等。根含西麻苷和毒毛旋花子苷，是有价值的强心苷。罗布麻叶含有槲皮素，它有防治感冒、祛痰、镇咳、平喘、降血压、降血脂、增加冠状动脉血流量、促进肾上腺素分泌、缓解心力衰竭、消除水肿、利尿、抗炎、抗过敏等功用。医院临床常用的复方罗布麻片就是以罗布麻浸膏粉为主要成分配制成的降血压良药。

汉麻的根、茎、叶、花均可入药，有滋养、润燥、利尿、滑肠、镇静、镇痛、麻醉、催眠等作用。汉麻茎、叶、花的酒精浸出液在医药上可作为催眠剂和镇静剂，它的磷酸制剂又能作为贫血、神经衰弱以及其他疾病的滋补剂。在我国中药中，汉麻仁用以通大便和催生。

中医和藏医早已用宿根垂果亚麻的花果治病，它有通经活血，治子宫淤血、经闭、身体虚弱等功效，还可作为民间强壮药物之用。

龙舌兰麻叶可提取海柯吉宁和替告吉宁，是制造可的松、强的松、羟甲烯龙、氢化可的松、地塞米松等激素药物和合成黄体酮、睾丸素等性激素药物及口服避孕药的重要原料。海柯吉宁制剂可治各种皮炎，适用于抗热、抗过敏、抗休克。麻根可作利尿剂。其中剑麻叶片 90% 以上是麻渣和叶汁。叶汁中含有皂素、蛋白酶、糖类、叶绿素和硬膜等。其根、茎、叶、花均有很高的药用价值：根含有多种强心苷、酚类、甾体及三萜化合物，茎含有强心苷、黄酮和月桂酸，叶含有槲皮苷、酚类、氨基酸、多糖、鞣质、固醇、三萜等成分。这些药用成分，可以制成治疗心脏病、高血压、哮喘、感冒等病的多种药物。

（五）食用

1. 制果酱和饮料

泰国用红麻花萼与副萼制取果酱、糖酱和酒，这些产品色香俱佳。在我国北方早就有用罗布麻叶制茶饮用的习惯，如新茶等，它是一种新型的中老年保健产品。

2. 作蔬菜

印度、孟加拉国和我国广东，早有把长果黄麻叶作蔬菜食用的习惯。不仅味道鲜滑可口，而且营养价值较高，其粗蛋白含量相当于菠菜。台湾用苎麻种子培育的食用麻苗制成的罐头在美国作为高档食品出售。用汉麻子磨浆掺白菜等煮吃，俗称麻籽豆腐，其味鲜美，或用麻仁捣泥作点心馅，味道清香。

3. 生产食用菌

用苎麻骨、壳、叶可栽培麻菇和毛木耳，每 100 kg 麻骨干料可产鲜菇 25~35 kg，用苎麻骨生产的毛木耳，粗蛋白质、粗脂肪含量高于用棉籽壳生产的毛木耳含量，而且味道鲜美嫩脆，胶质感好。红麻骨也是生产平菇的较好原料，每 100 kg 红麻骨栽培料可生产平菇 50~70 kg，高产的可达 100 kg。用亚麻壳与棉籽壳、葵花盘、糖按比例搭配组成的混合培养料，产量显著高于纯棉籽壳、葵花盘、麦秸等培养料，且具有菌丝生长快、菇体生长健壮、大小均匀、色泽洁白、肉厚等优点。

4. 提取食用油

红麻种子含油 19%，游离脂肪酸少，其精制油与棉籽油相似。泰国报道，每 100 kg 红麻籽可提取精制食油 16 kg，籽肉 50 kg。黄麻种子富含油分，可榨取工业用油。汉麻籽经压榨或浸取均可得到汉麻子油，经精炼后可食用。亚麻籽含油率达到 42%，油中不饱和脂肪酸占主要脂肪酸的比例为 91%。

（六）饲用

苎麻富含蛋白质、赖氨酸、类萝卜素及钙质等。若将苎麻全株当饲料，年收 14 次，每亩可产干饲料 1~2 t，用 20% 的苎麻粉掺入其他饲料中喂猪、鸡等，比饲喂稻谷的成本低，经济效益好。苎麻叶营养丰富且全面，是畜禽、鱼类的精饲料，麻叶制成干粉或颗粒饲料还可出口创汇。黄、红麻干叶含粗蛋白 19.5%，鲜叶含粗蛋白 3.08%，也是营养较丰富的饲料。我国长期以来，就有用红麻鲜叶、干叶粉饲养猪、牛、羊的习惯，普遍反映红麻叶的适口性极佳。汉麻叶嫩茎和新鲜麻渣与米糠发酵后可作猪饲料，汉麻子榨油后所得的油饼，含有多种有用成分，是营养价值很高的饲料。

（七）水土保持用

红麻、黄麻有一定的土壤改良作用，是防治土壤侵蚀最为理想的天然纤维材料。该产品分解后的成分能加入生物循环，很受具有生态环境保护意识的工程人员的青睐。开发出的黄红麻环保土工布，把它铺设到自然气候严重的地表，可控制水土流失，能广泛用于铁路、公路、堤坝、运河、运动场和隧道工程。据国际黄麻组织市场调查资料，全世界土工布潜在市场为 70 亿 m^2，只要黄麻土工布力求创新，占据土工布 10% 的市场，就会为黄麻、红麻打开一条广阔的市场销路。黄麻土工布在我国的应用也有着广阔的前景。据水土保持专门统计资料表明，黄河年平均输沙量高达 16 亿 t 左右，黄河地区土壤侵蚀严重的 43 万 km^2 的土地上每年流失肥沃表土的厚度平均达 0.5 cm，若在这些侵蚀严重的地方借助黄麻土工布的作用进行植树造林，将会有效地控制黄河泥沙泛滥。罗布麻具有耐旱、耐寒、耐暑、耐盐碱、耐大风等特性。其叶有抗旱植物的形态结构，根系发达，入土深，能穿过表土层直达地下水层。在一般作物不能生长的盐碱荒漠上种植，既可增加经济效益，又可绿化环境、防风固沙、控制水土流失和沙漠扩张。

二、麻类作物的产业化

21 世纪以来，我国麻业步入强劲的发展阶段。与此同时，麻纺工业也步入快车道，麻纺织产品在我国家纺和服装行业占比不断提高。

（一）麻类产业的基本情况

1. 麻类生产水平

麻类生产的发展主要依靠科技创新，目前，我国麻类的生产水平已显著提高，自新中国成立以来育成了大量新品种，并在生产中广泛推广，大大提高了麻类单产水平和质量，提高了麻农的种植效益。麻类成为农民增收和脱贫致富的高效经济作物。

2. 麻产品出口情况

“十五”期间麻类外贸进出口额突破 11 亿美元，加上麻面料与服装出口，创汇额更大，其中出口创汇达到 7.38 亿美元，比“九五”末增长了 35.9%。在麻类产品外贸出口中，以亚麻和苎麻的出口上涨最快，分别增长 40.5% 和 37%。伴随着国际市场需求的变化，中国苎麻类产品中苎麻纤维和纱线的出口额有所下降，而苎麻纺织物总体的出口稳中有升，产品远销欧美、中东、东南亚、韩国、日本、香港等 50 多个国家和地区。以湖南为例，1994 年以来，苎麻类产品一直是湖南的纯出口产品。湖南苎麻及其制品出口创汇额曾达 1 亿美元，占湖南省创汇总额的 20% 左右。近年苎麻出口创汇有所下降，但创汇额仍达数千万美元。但苎麻产业市场化程度高，受国际市场影响波动大，发展大起大落。随着国际市场需求的强劲增长，我国麻纺织品出口将不断增加。2020 年，国际麻类服装和制品的潜在市场将超过 160 亿美元。

3. 麻类初加工和深加工企业及产业化状况

我国麻纺织工业从 20 世纪 90 年代开始，进行了一系列产业结构调整，淘汰了一批设备落后、规模小且经营不善的企业，涌现了一批具有一定规模的麻纺行业企业。“十五”期间麻纤维的加工总量达到 60 万 t，相当于棉花纤维加工量的 10%。亚麻纺织能力达到 75 万锭，其中长纺锭达到 50 万，苎麻纺织能力超过 80 万锭，其中长纺锭达到 45 万，比“九五”末比较分别增长 2.5 倍和 1.5 倍。

（二）麻类产业化存在的主要问题和对策

麻类产业的振兴和腾飞，既取决于农工科贸能否协调一致、联袂行动，也取决于科技的进步和麻类生产者素质的提高，同时，还取决于国家政策的引导和激励。当前，我国麻类产业面临着政府经济支持不够、机械化程度较低、关键技术有待突破等多项问题。因此，应在如下几个方面做好工作。

1. 从松散型联系走向全国麻类行业紧密型联合

随着经济全球化，任何一个行业要想成为国际经济的一分子，就必须进行联合，小则县市联合，大则全国联合，乃至洲际或全球行业联合。在一些工农业同样发达的国家，行业组织对国家经济政策、经济运作的作用很大，为其行业的生存与发展起到良好的保障作用，抗风险能力较强。在国内，政企分开，市场运作没有行业的联合，就会削弱宏观控制，更不会有协作攻关，以及长期的规划与指导。因此，麻类行业必须改变目前松散联系的状况，迅速走向联合，形成层次分明的麻类行业组织。例如，建立县市级、省级，直至全国性的麻类行业联合会，在行业内部能协调，在对外方面能一致，既能减少内耗，又能形成合力。

2. 规划种植区域布局，优化产业带建设

我国麻类种植已粗具规模，有较强的地域性。要依据不同地区的生态和气候优势，因地制宜种植不同的麻类，推广优良的麻类品种和优质高产栽培技术，优化麻类区域布局，加速形成新的麻类产业带。要顺应苎麻上山、亚麻南移、红麻西进的趋势，稳步适度扩大栽培面积，并逐步形成麻区特色。在湖南、湖北、四川和江西省，利用其多山丘和坡耕地优势，形成苎麻主产区。利用南方省区大量冬闲农田和亚麻北种南移生育期延长而产量大增的优势，发展冬季亚麻，将广东麻区逐渐西移至广西形成广西红麻区。近年来，我国麻业产品结构、市场结构、产业区域布局和企业结构得到优化。麻纺织产业链向下游产品延伸；麻纺织工业由资源产区向纺织集聚的地区发展；麻纺织品和服装的比重增大；麻纺织品国内市场逐步拓展；麻纺织企业资本结构多元化，民营企业稳步发展，国有企业改革加快。根据这些变化，要从两个方面建设好麻类优势产业带：一是依托世界纺织制造中心，建成江浙麻纺织产业带；二是立足主产麻区，在湖北、湖南、黑龙江、重庆建成麻纺织产业带。

3. 明确科技重点方向，提高科技贡献率

全面提高科技在麻业中的应用，将是一个长期而艰苦的过程。考虑到科研进程的循序渐进规律性及投入的可能性，麻业科研应当采取重点突破方式进行。短期内的科研重点方向：一是用基因技术选育麻类优良品种，研究与推广先进的栽培方法；二是剥制与制纤基础技术的研究与应用；三是综合利用技术的研究。

4. 麻类加工转向生物法和环保化

加工是麻类生产的重要环节，加工过程的质量直接影响到产品品质和产量，以及农民的经济收入。我国现有的麻类加工方法存在着环境污染严重，成本、能耗高，质量差等诸多问题，不利于我国农业可持续性发展。通过研究和开发“高效、节能、低污染”的麻类生物脱胶技术、麻织品酶法处理工艺和膜分离生产技术，在我国各麻类产业带建立相应的麻类加工中心，可迅速提升我国麻类产业的科技含量，使麻类纺织加工产业向高新技术产业升级，增加麻类产品附加值，提高麻类产品的出口创汇能力，解决麻类加工与发展水产养殖业之间的矛盾，保持水资源和人类生存环境，促进我国农业健康快速及可持续发展。

5. 开发高档多功能产品，依靠名牌取胜国际市场

我国大量的高档面料仍需要进口，充分发挥苎麻、亚麻纤维粗犷、挺括的特色，加快特色天然苎麻、亚麻面料的开发，是促进麻类产业发展的重要措施之一。近年我国黄（红）麻贴墙布，苎麻、亚麻和大麻凉席，剑麻产品的开发，以及装饰和产业用麻产品的开发已具备了初步的基础，只要加大产业结构的调整力度，合理布局麻纺织工业的力量，就可开拓新的麻产品市场。

6. 加大麻类新用途的研发力度

麻类生物质能源与生物材料今后的发展趋势，一是要利用山地、荒地、盐碱地和沙漠，发展麻类生物质资源，培育和开发高产的麻类品种，规划建立生物质能源基地；二是要加快麻类生物质的工业化应用进程，提高麻类生物质能利用的比重；三是要加快生物质转化技术研究；四是要开展麻类生物质利用新技术的探索；五是要攻克麻地膜生产成本较高的技术难题，这是国家的紧迫需求，具有长期的发展潜力和后劲。

具有数千年栽培历史、颇具民族特色的麻类产业，是一个战线较长的产业。尤其科学研究方面的成果十分重要，每项关键技术的突破都将大大促进产业的升级。与其他产业相比，我国麻类的品种选育、种植技术、生物加工、机械化生产与收获等技术及其产业化水平还相对滞后，急需加以解决。今后国内企业还要加强科学研究，加强国际间的合作和交流，学习先进的经验，与自己的研究成果相结合，形成有民族特色的麻类生产和加工体系。另外还需要政府加大支持力度，实现我国麻业的可持续发展。

主要参考文献

[1] 中国农业科学院麻类研究所. 中国麻类作物栽培学 [M]. 北京：中国农业出版社，1993.

[2] 李宗道. 麻作的理论与技术 [M]. 上海：上海科学技术出版社，1980.

[3] 刘飞虎，刘其宁，梁雪妮，等. 云南冬季纤维亚麻栽培 [M]. 昆明：云南民族出版社，2006.

[4] 屈冬玉，杨旭. 小康之路——西部种养业特选项目与技术 [M]. 北京：科学普及出版社，2006.

[5] 孙进昌，陈超男，童华兵. 我国麻类产业化建设的主要问题及对策 [J]. 农产品加工（学刊），2007（10）：58-62.

第二章 麻类作物的品种

第一节 苎麻的品种

一、苎麻植物学分类

苎麻是属于荨麻科（Urticaceae）苎麻属（Boehmerae）的多年生草本纤维植物，全世界约有 120 种，主要分布于热带、亚热带，少数在温带。我国约有 32 种 11 变种，分布自西南、华南到河北、辽宁等 21 省（自治区），多数分布于云南、广东、广西、四川和贵州等省（自治区）。特产我国的分类群有 12 种和 5 变种，多数分布于云南、广西、贵州等省（自治区），有 8 种与喜马拉雅南麓诸国共有，有 2 种与泰国、越南共有，另外 8 种与日本共有。但具有栽培价值的只有 *Boehmeria nivea* 和 *Boehmeria* var. *tenacissima* 两种，前者称白叶种，我国栽培品种以及世界其他国家多为白叶种；后者称绿叶种，分布在南洋群岛及其他少数地区。白叶种苎麻，叶阔椭圆形，叶形较小，叶背密生茸毛，呈银白色，分枝少，花呈复穗状花序；绿叶种苎麻，茎高大，叶阔椭圆形或圆形，叶形较大，叶背呈绿色，无茸毛，花呈伞房状圆锥花序。白叶种苎麻的适应性较强，纤维品质也较好。

二、苎麻优良品种介绍

苎麻在我国种植历史悠久，分布面积广泛，遗传资源非常丰富，在长期的栽培、选育过程中选出了不少优秀品种，东南亚和欧美各国苎麻良种大都由我国传入。近几十年来由于生产上和国际贸易的需要，又培育出了大量高产优质多抗的新品种。

（一）地方品种

（1）黄壳早：湖南省沅江县栽培已久的地方品种，20 世纪 50~60 年代一直是湘北麻区的主要当家品种。该品种适应性强，无论丘陵山区或湖区平原均可种植，先后引种到贵州、江西、湖北等省栽培，增产显著。深根丛生型，叶片中等大，尖椭圆形，绿色，叶面皱纹少，有黄绿色花斑，叶缘锯齿小而浅。叶柄淡红色，着生角度大，雌蕾淡红色。在沅江栽培为中熟，工艺成熟天数全年为 183 天，雄蕾 8 月中旬现蕾，下旬开花；雌蕾 9 月中旬现蕾，下旬开花。种子成熟期 11 月底，原麻黄白色，手感粗糙，斑疵多，锈脚长。一般每公顷产量 1800 kg 左右，单纤维支数 1500 支，强力 55.66 g。高产、耐旱、耐瘠性强，抗风性中等，对炭疽病、立枯病有较强抵抗力。

（2）雅麻：本品种是湖南省宜章县栽培已久的主要当家品种。深根丛生型。头麻苗期幼叶淡紫色，成熟茎绿褐色，麻骨黄白色。叶片大，卵圆形，深绿色，叶面皱纹多，叶缘锯齿大而深。叶柄微红色，着生角度小。叶脉、托叶中肋微红，雌蕾黄白色。在湖南省沅江县种植表现晚熟，工艺成熟天数全年 208 天，头麻 83 天，二麻 49 天，三麻 61 天。现蕾期，雄蕾 9 月中旬，雌蕾 9 月下旬。开花期，雄花 9 月下旬，雌花 10 月上旬。种子成熟期 12 月上旬。发蔸慢，分株力较弱。苗期生长势强，麻株生长整齐，上下粗细较均匀。原麻绿色，手感较软，斑疵少，锈脚短。单纤维支数 1837 支以上，强力 47.82 g，断裂长度 87.85 km。原麻含果胶 3.76%，半纤维素 11.98%，木质素 0.85%，脂蜡 0.81%，水溶物 5.91%，纤维素 76.91%。抗逆性较强，适合山区、丘陵地种植，但区域适应性差，引种应先试种。

（3）细叶绿：湖北省武昌县栽培多年的主要当家品种，别名小叶绿、线麻、家麻等，它具有产量高，纤维品质较好（纤维支数 1700 支左右），抗风性、抗旱性中等，较耐渍，适应性较广，丘陵山区、平原均可种植等特点。中根散生型，苗期幼叶黄绿色，成熟茎绿褐色，麻骨绿白色。叶片较大，黄绿色，叶面皱纹多，叶缘锯齿小而浅，叶柄微红色，着生角小，叶脉、托叶中肋微红色，雌蕾淡红色。在湖北武昌种植表现中熟，工艺成熟天数全年 180 天。发蔸较快，分株力强，苗期生长较慢，中期生长较快。麻株粗细均匀、整齐。原麻绿白色，手感较硬，斑疵少，锈脚短，鲜皮厚，鲜皮出麻率 11% 左右。

（4）红大叶胖：四川省达县栽培百年以上的地方良种，耐旱性、抗风性强，比较耐渍，不易败蔸，适应性广，久雨时褐斑病较重。中根散生型，头麻出土时幼叶紫红色，苗期心叶略带紫色，茎基部红色；成熟茎绿褐色，茎部水纹较深，多扭曲，麻骨绿白色。叶片大，近圆形，深绿色，叶肉厚，叶面皱纹多，叶缘锯齿小而浅。叶脉、托叶中肋、叶柄淡红色，着生角度小，雌蕾淡红色。表现晚熟，工艺成熟天数全年 195 天，种子成熟期在 12 月上旬。发蔸较快，分株能力较强，苗期生长快，中期稳健，麻株较均匀，但欠整齐。原麻绿白色，手感柔软，斑疵少，锈脚短。一般每公顷产量 1500 kg 以上，单纤维支数 1800 支左右，强力 37.3 g。

（二）新育成品种

1. 中苎系列

（1）中苎 1 号：原代号 8306，于 1983 年从圆叶青 × 芦竹青杂交后代中选育出来的中熟苎麻品种，经国家品种审定委员会审定，于 2004 年 2 月正式定名为中苎 1 号。经过几年的栽培观察，该品种具有早产、高产、稳产、抗逆性强、品质优、易收获等特点。

（2）中苎 2 号：是 2009 年从黑皮蔸 S2 × 圆叶青 S3 杂交后代中选育出来的早熟苎麻新品种，该品种产量高，比对照圆叶青增产 11.08%，纤维品质优良，纤维支数在 2050 支以上，抗逆性好，抗花叶病，高抗根腐线虫病，是饲料用苎麻新品种。

（3）中苎3号：是由厚皮种S2×玉山麻S2选育出的苎麻品种，2014年申报，登记编号为XPD016—2014。其特征特性是植株挺拔，茎秆粗壮，上下均匀一致，分株能力中等强，无效分株少，群体结构整齐协调。全年三季合计工艺成熟期185天，其中头麻70天、二麻50天、三麻65天。纤维支数2443支。抗逆性较强。

2. 湘苎系列

（1）湘苎1号：系中国农业科学院麻类研究所于1964—1973年从黄壳早自然结实后代中系统选育而成的新品种，适应性广，山区、丘陵及滨湖平原均可种植。深根丛生型，蔸型紧凑，成熟茎绿褐色，麻骨绿白色，叶片中等大，卵圆形，浓绿色，叶柄绿色，叶柄略带微红色，着生角度小，叶脉微红色，托叶中肋浅绿色，雌蕾微红色。在湖南沅江种植表现晚熟，工艺成熟天数全年203天，发蔸较慢，分株力较强。一般每公顷产量为1800 kg左右，单纤维支数1700支左右，强力48.62 g，原麻含果胶量4.11%。耐旱性、耐土壤瘠薄性较强，轻感苎麻花叶病，高感根腐线虫病。

（2）湘苎2号：又名圆叶青，代号7510，是中国农业科学院麻类研究所采用辐射育种法，于1975—1984年以湘苎1号为辐照亲本选育而成的苎麻新品种。该品种叶面圆形，深绿色，叶面皱纹多，叶柄着生角度小，绿黄色，柄端略带微红，雌花黄绿色。表现生长势强，植株高大粗壮，生长整齐，一般亩产量为150~180 kg，高产达250 kg以上。原麻青白色，锈脚短，风斑、病斑极少，手感柔软，外观色泽好。湖南沅江地区种植表现晚熟，工艺成熟天数全年210天。单纤维支数1800支，强力35.75 g，断裂长度59.05 km。抗风耐旱，耐低温，且中抗根腐线虫病，病指35.89。轻感花叶病、抗炭疽病的能力较强，但发蔸慢，分株少，不耐渍水。

（3）湘苎3号：原名C-20，系湖南农业大学苎麻研究所从广西黑皮蔸经自由授粉的后代中选育而成的，于1989年通过省级品种审定。该品种具有光合生产力强，干物质积累速度快，高产、优质、抗病、适应性强等特性，适用于湖区和丘陵山区种植。叶片绿色，卵圆形，叶面皱纹明显，叶柄、叶脉和托叶微红色，雌蕾浅红色。深根型晚熟品种，在湖南长沙种植工艺成熟天数全年为210天左右，种子成熟期在12月上旬。蔸型紧凑，植株高大粗壮，麻皮厚，麻骨和原麻青白色。单纤维支数达2000支以上，高抗花叶病，头麻、二麻抗风性强，曾在湖南及其他苎麻产区大面积推广。

（4）湘苎7号：是湖南农业大学、沅江市农业局以品种湘苎2号种子繁殖后代中选育的品种，2013年申报，品种登记编号为XPD011—2013，其特征特性是属深根型，叶片大、圆形，色浅绿，叶面皱纹较浅，叶柄较长，叶片光合能力强，茎秆高大粗壮、整齐，单株茎秆上下粗细均匀，分株能力强，无效分株少，抗逆性强（尤其抗根腐线虫病），易成活，移栽成活率达100%，败蔸率极低。原麻青白色，锈脚少，含胶量低，品质优良。工艺成熟天数全年为185天左右，鲜皮出麻率约12.5%。

（5）湘饲纤兼用苎麻1号：湘饲纤兼用苎麻1号是经系统选育的新品种，既可以作为饲用苎麻栽培，也可以作为常规纤维用苎麻栽培。平均每亩鲜产量8796 kg，且丰产稳产性好；粗蛋白质含量22.5 %，粗纤维含量18.5%，粗脂肪含量6.5%，灰分含量13.6% ，钙含量3.6%，磷含量0.4%左右。每亩平均纤维产量178 kg，头麻纤维支数2800支，平均纤维支数2394.8支。湘饲纤兼用苎麻1号是一个高产优质的饲纤兼用苎麻新品种。

3. 鄂苎系列

鄂苎1号：系湖北省咸宁地区农业科学研究所从细叶绿自然结实后代中系统选育而成的，1996年通过湖北省品种审定。该品种抗逆性强，深根丛生型，苗期幼叶微红色，成熟茎绿褐色，叶片卵椭圆形，皱纹不明显，锯齿较小，叶柄黄绿色，叶柄伸展角度小，叶脉、托叶、中脉黄绿色，雌蕾红色。在湖北咸宁种植表现为中熟，工艺成熟天数全年179天左右。蔸型紧凑，根系发达，植株高大粗壮，群体生长整齐，但新麻发蔸较慢，一般每公顷产量2000 kg左右，单纤维支数1800支以上，强力37.84 g。抗风、抗旱和抗根腐病能力较强。

4. 华苎系列

（1）华苎 1 号：原代号 2004-1，系华中农业大学从湖南芦竹青的自然结实后代中系统选育而成的，1990 年通过湖北省品种审定委员会审定。该品种适应性广、抗逆性强，适于机械剥制纤维。中根散生型，苗期幼叶红色，成熟茎褐色，麻骨黄白色。叶片较大，近圆形，绿色，叶面皱纹少，叶缘锯齿较深。叶柄黄绿色，着生角度较小。叶脉、托叶中肋黄绿色，雌蕾淡红色。

（2）华苎 4 号：原代号 5117-9，系华中农业大学麻类研究室从稀节巴自然杂交后代中选育的苎麻新品系，1999 年通过湖北省品种审定委员会审定。该品种抗逆性强，属中根偏深型品种，发蔸快，群体整齐均匀。原麻黄白色，锈脚短，斑疵少，手感柔软。生长速度快，出麻率高，鲜茎、鲜皮出麻率分别为 5%、14%。在湖北武昌种植表现为晚熟，分株力中等偏上，工艺成熟天数全年 210 天左右，单纤维支数 2000 支以上。高抗炭疽病，不感染花叶病，抗旱性、抗风性较强，但是耐渍性较差。

5. 赣苎系列

（1）赣苎 1 号：由江西省麻类研究所用湘苎 2 号为母本，江西省优良地方品种玉山麻为父本杂交选育而成，1989 年通过省级鉴定。属深根丛生型，蔸型紧凑，植株高大，上下均匀，群体生长整齐。苗期幼叶绿色，成熟茎黄褐色，麻骨黄白色。叶片中等大，椭圆形，绿色，叶面皱纹多，叶缘锯齿深，叶柄黄红色，着生角度小，叶脉、托叶中肋黄红色，雌花粉红色。发蔸较慢，分株能力较强，苗期生长较强，麻株生长整齐。原麻青白色，手感柔软，斑疵少，锈脚短，单纤维支数 2300 支，耐旱性、抗风性强。

（2）赣苎 3 号：原名 B232，系江西省麻类科学研究所于 1998 年以赣苎 2 号为母本，以地方品种家麻为父本杂交选育而成的苎麻新品种，适于丘陵红壤旱地、平原、滨湖地区种植，深根丛生型。工艺成熟期茎黄褐色，麻骨绿白色，叶片大，近圆形，叶面皱纹多，背面茸毛多，叶缘锯齿深而稀。叶柄、叶脉青黄色，雌蕾褐红色。株高 170~190 cm，鲜皮出麻率 12%~13%，有效株率83%~85%。工艺成熟期天数全年190天，其中头麻81天，二麻45天，三麻64天。原麻青白色，手感柔软，单纤维支数2400支以上。抗风、耐旱、抗病性强，高抗苎麻花叶病和根腐线虫病。

6. 川苎系列

（1）川苎5号：是四川省荣昌县农业局从红皮小麻自交二代中选出的单株（蔸），经多年培育而成，1996年通过四川省农作物品种审定委员会审定。叶片正圆形、绿色，叶柄夹角小，雌花蕾淡红色，结籽较少。深根型迟熟品种，工艺成熟期全年210天左右，麻株粗壮、均匀，有效株率80%左右，抗风、耐旱，锈脚比红皮小麻短2/3，锈斑少，鲜皮出麻率11%左右，原麻绿色、手感稍硬，易清水漂白，是编织夏布的原料。适宜四川省编织夏布地区的平坝、丘陵、山区种植。

（2）川苎16：是达州市农业科学研究所，用雄性不育系“T13”×优良恢复系“B2”而得到的苎麻新品种，2014年审定编号为川审苎2014001。中根散生型，中熟品种，根系发达，分株力强，生长势旺，生长整齐，均匀度好。苗期叶片红褐色，生长茎绿色，成熟茎绿褐色。叶片近圆形、深绿色，叶缘锯齿窄、浅，叶脉微红色，叶柄微红色，托叶中肋微红色，麻骨绿白色。雌蕾淡红色，雄花部分不育。鲜皮出麻率12%左右，原麻绿白色，手感比较柔软，锈脚短，风、病斑少，单纤维支数稳定在1900支以上。抗旱性及抗倒性较强，高抗苎麻花叶病和苎麻炭疽病。

（三）具有特异性状的品种

1. 雄性不育苎麻品种

（1）芦竹花：本品种是湖南省浏阳市地方品种。栽培历史有150多年。中根散生型。头麻苗期幼叶紫红色，成熟茎黄褐色，麻骨黄白色。托叶形，绿色，叶面皱纹少，叶缘锯齿大而浅。叶柄淡红色，着生角度大。叶脉微红色，中肋浅绿色。雌蕾微红色，花序长28 cm。在湖南省沅江县种植表现中熟，工艺成熟天数全年186天，头麻78天，二麻40天，三麻68天。现蕾期，雄蕾9月上旬，雌蕾9月下旬。开花期，雌花9月下旬，雄性不育。发蔸较快，分株力强。苗期生长势中等，麻株生长整齐，均匀度较好。一般每公顷产量 1350 kg，单纤维支数 1458 支。该品种耐旱性、抗风性、幼苗期耐低温性均属中等。抗病性强，轻感花叶病，高抗根腐线虫病，是一种难得的抗原材料。适合丘陵、山区种植，适当密植。

（2）白脚麻：本品种是湖南省嘉禾、桂阳等县栽培已久的主要当家品种，相传种植历史有 2000 余年。20 世纪 50~60 年代，该品种约占嘉禾、桂阳县种植面积的 98%。头麻苗期幼叶红紫色，成熟茎绿褐色，麻骨绿白色。叶片中等大，尖椭圆形，深绿色，叶面皱纹多，叶缘锯齿大而深。叶柄略带微红色，着生角度小。叶脉微红色，托叶中肋浅绿色。雌蕾黄白色，花序长 25 cm。在湖南省沅江县种植表现晚熟，工艺成熟天数全年 202 天。现蕾期，雄蕾 9 月中旬，雌蕾 9 月下旬。开花期，雌花 10 月上旬，雄性不育。发蔸较慢，分株力较弱。苗期生长慢，中、后期生长稳健。麻株生长整齐，上下粗细均匀。原麻绿色，手感较软，斑疵少，锈脚短。单纤维支数 1600 支以上。该品种抗风性强，耐旱性及幼苗期耐低温性中等。中感花叶病，高抗根腐线虫病，是一种良好的育种材料。但区域适应性弱，引种宜先试种。应选择爽水的壤土种植，增加密度，搞好防旱抗旱，以夺取高产优质。

（3）圆青 5 号：本品种是贵州省麻类科学研究所从独山圆麻与长顺青杠麻杂交的种子繁殖后代，经无性繁殖系选育而成。中根散生型。苗期幼叶淡红色，梢部心叶绿色。成熟茎黄褐色，麻骨绿白色。叶片较大，卵圆形，绿色，叶面皱纹多，叶缘锯齿大而深。叶柄绿色，着生角度大。叶脉、托叶中肋白绿色。在贵州省独山县种植表现中熟，工艺成熟天数全年 180 天，头麻 83 天，二麻 45 天，三麻 52 天。发蔸较快，分株力强。苗期生长势强，麻株生长较整齐。原麻绿白色，手感粗硬，斑疵较少，锈脚较长。单纤维支数 1766 支，强力 29.1 g，断裂长度 51.39 km。原麻炼折率 54.30%。耐旱性，在生产上没有推广应用，只用作杂交材料，如贵州省麻类科学研究所选育的杂种优势新品种苎优 1 号、世优 2 号，均用该品种作亲本。

2. 高产优质品种

（1）大圩青麻：本品种是广西灵川县地方品种。中根散生型。苗期幼叶紫绿色，成熟茎绿褐色，麻骨绿白色。叶片中等大，卵圆形，深绿色，叶面皱纹多，叶缘锯齿深。叶柄红色，着生角度大。叶脉、托叶中肋红色。雌蕾红色。在广西桂林市种植表现中熟，工艺成熟天数全年为 174 天，头麻 83 天，二麻 46 天，三麻 45 天。收四麻，其工艺成熟天数为 54 天。现蕾期，雄、雌蕾均在 9 月上旬。开花期，雄、雌花均在 9 月下旬。种子成熟期在 12 月中旬。发蔸较快，分株力较强。苗期生长势中等，麻株生长较整齐。原麻黄绿色，手感较柔软，斑疵少，锈脚短。单纤维支数 1960 支，强力 29.70 g，断裂长度 58.21 km。丰产性、耐旱性强，抗风性中等，未发现花叶病。土壤肥沃、土层深厚、排水良好的丘陵山区，河岸冲积土种植可获高产。

（2）锦屏青麻：本品种是贵州省锦屏县地方品种。中根散生型。苗期幼叶紫红色，梢部心叶浅绿色。成熟茎黄褐色，麻骨绿白色。叶小，椭圆形，绿色，叶面皱纹多，叶缘锯齿大而深。叶柄红色，着生角度较大。叶脉、叶中肋白绿色。雌蕾淡红色，花序长 10 cm。在贵州省独山县种植表现中熟，工艺成熟天数全年 178 天。对光照反应迟钝，头麻现蕾。三麻现蕾在 8 月中旬。发蔸快，分株力强。苗期生长势强，麻株生长较整齐。原麻黄白色，手感柔软，斑疵较多，锈脚较短。单纤维支数 2519 支，强力 26.2 g，断裂长度 66 km。耐旱性中等，抗风性、抗病性强。轻感花叶病，适宜于山区种植。

（3）恩施鸡骨白 1 号：本品种是湖北省恩施县栽培已久的当家品种之一。深根丛生型。苗期幼叶淡红色，成熟茎黄褐色，麻骨白色。叶片中等大，椭圆形，黄绿色，叶面皱纹少，叶缘锯齿小而浅。叶柄绿色，着生角度较大。叶脉、托叶中肋微红色。在湖北省武昌种植表现中熟，工艺成熟天数全年 185 天，头麻 76 天，二麻 44 天，三麻 65 天。苗期生长较快，麻株欠整齐，粗细不均匀。株高 165 cm，茎粗，有效分株率 80.1%。原麻黄白色，断裂长度 72.8 km。手感较硬，斑疵少，无锈脚。单纤维支数 1822 支。原麻炼折率 66% 左右。耐旱性、耐渍性、抗风性较强。轻感花叶病。是湖北省优良品种之一，适于山区扩大繁殖和推广。

3. 作饲料用苎麻品种

（1）中饲苎 1 号：系中国农业科学院麻类研究所用湘杂苎一号选择一个单株作母本与自交系园青 5 号 S3 杂交，从杂交后代中选择优良单株培育的。这是世界首个育成的苎麻饲料用新品种，在苎麻育种和苎麻多用途开发利用上具有深远意义。该品种为中根丛生蔸型，生长旺盛，发蔸及再生能力强，年生物产量高；全年有效生长期 260 天左右，前期生长快，适宜一年多次收割，以嫩苗株高 65 cm 左右为收割高度，在长江流域每年收割 6~8 次，在华南地区收割次数更多。叶片多，茎秆细，麻皮薄，叶茎比大，作为饲料的产量构成因素合理；叶片呈椭圆形，绿色，表面皱褶少；叶柄浅黄色，夹角大，叶片分布均匀。耐肥能力强，在高肥水条件下更能发挥其增产潜力。抗病性强，在田间未发现病株、病叶。在株高 65 cm 时收割的嫩茎叶干粉的粗蛋白质含量在 22% 以上。

（2）闽饲苎 1 号：福建省农业科学院亚热带农业研究所以高产、再生能力强、耐旱、适应性广的平和苎麻为亲本，采用 ^{60}Co 伽马射线获得的产量高、抗逆性好、粗蛋白含量高、宿根性强的新品种。该品种中根丛生蔸型，生长旺盛，分蘖及再生能力强，茎直立，株高 1.5~2.0 m，茎粗 0.6~1.3 cm，叶轮生卵圆形，表面有皱纹，叶缘为大浅型，叶正面绿色，背面白色；叶柄浅绿色，茎、叶柄茸毛少、较短；9~10 月开花，生育期 275 天。粗蛋白质 19.72%、粗脂肪 4.1%、钙 2.67%、酸性洗涤纤维 37.8%、中性洗涤纤维 51.2%、灰分 15.82%。

（3）川饲苎 2 号：是达州市农业科学研究所从渠县青杠麻 × 大竹线麻杂交后代群体中选择出的优良植株作母本，再与广西黑皮蔸作父本进行杂交选育出的苎麻饲料新品种，该品种中根丛生蔸型，植株整齐、均匀，生长旺盛，发蔸及再生能力强，年生物产量高；耐肥能力强；前期生长快，在长江流域每年收割 7~9 次。该品系叶片多、茎秆较粗，叶茎比大；苗期叶片淡红色，生长茎浅绿色，叶片近圆形、深绿色，叶缘锯齿宽、深，叶脉、叶柄、托叶中肋微红色，雌蕾紫红色，叶片夹角小。高抗苎麻花叶病、炭疽病，抗旱性、抗倒力较强。营养品质高，嫩茎叶粗蛋白质含量为 20.1%，粗脂肪含量 2.7%，粗纤维含量 18.2%，灰分 13.5%，钙 4.34%，维生素 B_2 16.8 mg/ kg，氨基酸总量 16.13%。

（4）湘饲苎 2 号：是湖南农业大学苎麻研究所选育的新品种，2014 年湖南登记品种编号为 XPD015—2014。该品种中根丛生型，生长旺盛，株型紧凑；茎秆绿色稍细，叶片多，叶茎比大；发蔸再生能力较强，生长快速，年生物产量高，一年可收割 10 次，耐刈割。适应性较好，在亚热带地区能较好地生长和收获，3 月返青，4 月上中旬第一次收割，栽培过程中注意水分条件即可获得较高的产量。粗蛋白质含量 21.92%，粗纤维含量 18.20%，粗脂肪含量 7.50%，灰分 14.12%，磷含量 0.39%，钙含量 3.80%。

第二节　黄麻、红麻的品种

一、黄麻的分类及优良品种

（一）黄麻的分类

黄麻系田麻科（Tiliaceae）黄麻属（Corchorus），大约包括 40 个种，主要分布于热带和亚热带地区。据目前所知，分布于我国的有以下 7 个种：*C. capsularis* L.（圆果种黄麻）分布于我国南方各省；*C.olitorius* L.（长果种黄麻）分布于我国南方各省；*C. acutangularis* L.（假黄麻）分布于安徽、广西、云南；*C. axillaris* Tsenet Lee.（桠果黄麻）分布于四川；*C. cavaleriei* Levi. 分布于贵州；*C. onotheroides* Levi. 分布于贵州；*C. polygonatum* Levi. 分布于贵州。

在我国，生产上具有栽培价值的是圆果种和长果种，它们在形态特征上的区别主要在于：圆果种上下粗细不均匀，叶片锯齿稀，有苦味，花朵小，果实圆形，种子褐色；长果种上下粗细均匀，叶片锯齿密，稍有甜味，花朵大，果实圆筒形，种子墨绿色。圆果种和长果种在生理特性上主要区别在于：圆果种对温度要求较低，苗期生长快，中后期生长较慢，生育期短；而长果种对温度要求高，苗期生长慢，中后期生长快，生育期长；圆果种耐渍耐肥不耐旱，虫害较少，不易倒伏，收获期长；而长果种耐旱不耐渍，虫害较多，容易倒伏，收获期短。

（二）我国黄麻优良品种

（1）广丰长果：湖南麻类研究所从江西省广丰县的地方良种中采用株选法育成。茎、叶、叶柄均为青色，具有苗期生长旺、生长整齐、抗旱性较强的特点。在长江流域麻区种植，工艺成熟期全年 135 天左右，种子成熟期 180 天左右，属中晚熟品种。植株高度 400 cm 左右。在一般栽培条件下，亩产原麻 350 kg 左右，丰产栽培达 500 kg。

（2）湘黄 2 号：湖南麻类研究所从广丰长果中采用株选法育成。茎、叶柄均为青色，具有苗期生长旺盛，早花率低，后期不早衰的特点。一般株高为 400 cm 左右，茎粗 1.39 cm 左右，在长江流域麻区种植，工艺成熟期全年 140~150 天，种子成熟期 165~180 天，为中晚熟品种。

（3）粤圆 5 号：广东省农业科学院经济作物研究所于 1957—1963 年从粤圆 1 号与新圆 2 号杂交的后代中选育而成。茎、叶柄均为青色，有腋芽。植株高度 380 cm 左右，分枝离地高度 350 cm。茎较粗，麻皮厚，麻骨坚硬，抗风力强，耐肥，抗炭疽病。一般栽培亩产原麻 400 kg 左右，丰产栽培达 500 kg 以上，是广东麻区的当家品种。

（4）681：广东省农业科学院经济作物研究所用粤圆 5 号与“161111”于 1968 年杂交育成。茎和叶柄均为青色，有腋芽。植株高度在 420 cm 左右，分枝离地高度在 410 cm 左右，茎粗 1.6 cm 左右。植株高大，粗细较均匀，麻皮厚，麻骨硬，出麻率高，抗逆性较强，中后期生长快。生育期略早于粤圆5号。1973年在广东省7个区域试验点表明，平均比粤圆5号增产11.21%。

（5）粤圆6号：广东省农业科学院经济作物研究所用新圆2号与“57-128”杂交育成，突出优点是麻皮厚，麻骨硬，抗炭疽病力强，耐肥，丰产。

（6）梅峰4号：福建农学院从粤圆1号与芦宾杂交的后代中选育出来。茎青色，有明显的螺旋状弯曲，叶柄淡红色，无腋芽。生长势强，较抗炭疽病。植株高度420 cm左右，茎粗1.6~1.65 cm，麻皮厚度0.9~1.0 mm，工艺成熟期全年140天，亩产原麻350~450 kg。引种到长江流域麻区种植，表现良好，能够结实，但种子产量低。

（7）闽麻407：福建省农业科学院蔗麻研究所（原龙溪地区甘蔗麻类研究所）于1970—1973年从粤圆5号品种中采用株选法育成。茎、叶柄青色，有腋芽。在闽南地区栽培表现晚熟，工艺成熟期全年为157~165天。株高380~400 cm。茎秆上下粗细较均匀，亩产原麻400 kg。据福建省各地试验证明，该品种比当地自种的“粤圆5号”增产7.5%。

（8）浙寐4号：浙江省农业科学院作物育种栽培研究所从海宁石井群众留种田中选择的单株，经1958—1965年育成的长果新品种。茎青色，有腋芽，植株较高，较粗，分枝短而小，麻皮较厚，生长较整齐；茎斑病、根腐病较轻。

（9）圆果564：浙江省农业科学院作物育种栽培研究所1971年从福建引入的梅峰4号中经系统选育于1975年育成的迟熟类型圆果新品种。茎青色，叶柄色微红，果色红，无腋芽，从出苗到收种的生育期194天，比梅峰4号早熟7~10天，比粤圆5号早熟10~20天。

（10）71-414：长果种，由原南京军区浙江生产建设兵团二师棉麻所从本地长果种中系统选育而成。植株青色，有腋芽。在长江流域地区种植，工艺成熟期全年140~150天，种子成熟期160~180天，为中迟熟品种。该品种植株高大粗壮，纤维层较厚，一般株高400 cm左右，亩产315~375 kg，高产达 475 kg 以上。

（11）福农 1 号：采用长果种黄麻泰字 4 号通过 Co- γ 射线 219 Gy 剂量辐射诱变，经多代系谱选择育成的菜用黄麻新品种。全生育期（从播种至种子成熟）170~184 天。每亩嫩茎叶产量 1205.1~1483.9 kg 。黄麻黑点炭疽病、立枯病和茎斑病的抗性优于对照翠绿、泰字 4 号和宽叶长果。

（12）中黄麻 1 号（原名 C90-2）：系 1984 年利用黄麻优良新品系 71-8 和 79-51 进行有性杂交，再与 79-51 两次回交，采用系统选择与定向选择相结合的方法育成的黄麻新品种。该品种有植株高大、高抗炭疽病、丰产稳产性好、适应性广等特征，平均每亩纤维产量 187.6 kg，纤维品质优良，纤维支数 439 支，纤维强力 401 N。

（13）中引黄麻 2 号：属黄麻圆果种，国外引进（原名:C-1）品种。2009 年 3 月通过湖南省农作物品种审定委员会审定非主要农作物品种登记，品种登记编号:XPD027—2009。在长江流域麻区能收获少量成熟种子，宜于南种北植。高抗黄麻炭疽病，具有一定的耐盐碱能力。纤维品质优良，纤维支数 478 支。

二、红麻的分类及优良品种

红麻（Hibiscuscannabinus）属于锦葵科（Malvaceae）、木槿属（Hibiscus）的一年生纤维作物。木槿属（*x*=7，8~39），大约有 200 个种，有草本、灌木和乔木，广泛分布于热带、亚热带地区。叶片为单生，掌状叶脉，花大而鲜艳，两性花，腋生，多数为钟状，副萼有几个小苞叶，花萼 5 个，花瓣 5 片，雄蕊位于中间，果实 5 室。我国的红麻优良品种主要有以下几个：

（1）青皮 3 号：系广西壮族自治区农业科学院由国外引入，为晚熟品种，茎绿色，掌状裂叶，麻株长势旺盛，株高 3.5 m 左右，在华南地区种植，生育期 220 天，一般亩产干麻 350 kg 左右，最高可达 500 kg 以上。广东、广西和北方麻区大面积种植，在北方麻区只能开花不能结实，收不到种子。

（2）南选、宁选：广西壮族自治区农业科学院从青皮 3 号单株选育出来的两个品种。茎绿色，掌状裂叶，麻株生长旺盛，茎秆上下粗细较均匀，抗炭疽病能力较强。在广西南部地区种植，工艺成熟期全年 180 天，全生育期南选 210 天，宁选 200 天。一般亩产干麻 350~400 kg，最高可达 500 kg 以上。

（3）湘红 1 号（原 72-1）：湖南省麻类研究所通过单株选择法培育的新品种。一般亩产 350 kg 左右，高的可达 500 kg 以上。茎绿色，掌状裂叶，抗炭疽病能力较强，在湖南省北部种植全生育期 210 天左右。

（4）湘红 2 号（原 7139）：湖南省麻类研究所从红麻 7 号 × 粤红 3 号杂交组合中选育而成。适宜于长江流域各省种植。茎淡红色，叶片深绿色，全叶型，抗炭疽病能力强，全生育期 190 天。在皖北、苏北、河南等地均可收到成熟种子。

（5）72-2：湖南省麻类研究所采用单株选择法，从国外品种非洲裂叶中选育而成的新品种。经各地试种，表现抗病、抗倒伏性强，一般亩产干麻皮 400 kg 左右，高的达 500 kg 以上，比青皮 3 号增产 7.4%~9.5%。对光照反应敏感，在福建地区种植，全生育期比青皮 3 号提早 5~10 天，在北方麻区进行短光照制种，结实性好，颇受群众欢迎。

（6）辽红 55：辽宁省棉麻科学研究所经过杂交育种培育的新品种，抗炭疽病能力较强。植株生长整齐，上下粗细均匀。茎淡红色，全叶型。在辽宁地区种植全生育期 140 天左右，亩产生麻 250~300 kg。

（7）中红麻 12 号：利用国外优良红麻种子（EV71 × 非洲红麻）F1 与国内抗病特异育种材料 SCS1 复合杂交选育而成的高产、抗病、抗倒伏、优质、适应性广的纺织、造纸用红麻新品种。在 1999—2000 年全国红麻区域试验中，平均亩产纤维 237.7 kg。长江流域、黄淮河流域 4 月下旬至 6 月上中旬均可播种，9 月下旬至 10 月上旬收获。

（8）中红麻 10 号：晚熟品种，全生育期 200 天左右，不早花，人工接菌炭疽病病情指数 38.9，抗倒伏、耐旱、耐涝，纤维品质：纤维强力 425 N，纤维支数 274 支，纸浆得率 48.1%。平均亩产纤维 248.6 kg，湖南省红麻区试，平均亩产纤维 303.9 kg；安徽省红麻区试，平均亩产纤维 253.9 kg。全国红麻生产试验，平均亩产纤维 275.9 kg，该品种符合国家品种审定标准，通过审定。适宜于沿淮、淮北、长江流域及其以南麻区种植。栽培中注意播期不早于 4 月中旬。

（9）中红麻 16 号（原名“YA1”）：系利用优良红麻材料（KB2×KB11）×（EV41×“72−4”）回交选育而成的一个集高产、抗病、抗倒伏、皮骨比高、优质、适应性广于一体，纺织、多用途的红麻新品种，每亩纤维产量 285.19 kg。人工接菌炭疽病鉴定，15 天后病情指数为 35.4，45 天后病情指数为 33.2，属于中抗类型，纤维支数 301 支，强力 323 N。

（10）红综 3 号：2013 和 2014 年在河南省红麻新品种区域试验中每亩平均干皮产量分别为 533.76 kg、520.75 kg。2015 年通过河南省种子管理站鉴定，命名为红综 3 号，是河南省第一个可多年留种利用且具有自主知识产权的红麻综合杂交品种。

（11）福红航 992：在安徽省 2008 年红麻联合区试中，福红航 992 平均干皮产量为每亩 357.48 kg，于 2009 年通过了安徽省红麻新品种鉴定。福红航 992 等光钝感红麻新品种的推广，将从根本上解决我国红麻生产上的早花减产问题，扩大红麻在全球低纬度地区的推广，从而提高我国红麻的生产与综合利用水平。

（12）福红 991：福红 991 参加国家红麻新品种联合区域试验，纤维产量比对照红引 135 增产 11.59%，差异达极显著水平。经测试，福红 991 纤维强力比对照红引 135 提高 12.8%，表现出丰产性好、纤维品质优良、适应性广、抗红麻炭疽病等特点，具有较好的推广应用前景。

（13）福红 951：是 1993 年育成的红麻优良新品种。该品种参加安徽省红麻新品种联合区域试验，纤维产量比对照青皮 3 号高 21.8%，差异达极显著水平；参加国家红麻新品种联合区域试验，纤维产量比对照粤 743 高 13.19%，差异达极显著水平。经测试，福红 951 纤维强力比青皮 3 号大 12.8%，比粤 743 大 5%。

第三节　亚麻、汉麻的品种

一、亚麻的分类及优良品种

亚麻为亚麻科（Linaceac）亚麻属（Linum）一年生或多年生草本植物。亚麻属有 1000 多个种，但多数多年生的是野生种，多分布于热带和温带地区。栽培种 15 个，栽培最广泛的是普通亚麻（*L. numusita-tissimum* L.）。我国栽培的亚麻为一年生，一般分为三种类型：纤用亚麻、油纤两用亚麻、油用亚麻（胡麻）。

（一）纤用亚麻品种

（1）华光 1 号：由原东北农科所与黑龙江省甜菜研究所合作，用系统育种法选育的贝尔纳一号，1956 年开始推广。苗期生长缓慢，茎叶淡绿色，叶片狭长向斜上方伸展，比较抗旱。后期生长迅速，茎秆细弱，花序大，分枝式，抗倒伏能力不强。感染立枯病、炭疽病，在依兰等地感染锈病。花浅蓝色，中等大小，种子褐色，有光泽，千粒重 3.6~3.8 g。株高 80~110 cm，平均 89.0 cm。生育期 68~72 天，为中晚熟品种。原茎单产 189~396 kg，纤维单产 30.5~67.5 kg，长麻率 13.0%~19.0%，平均 18.8%，纤维品质较好。目前主要分布在黑龙江省双城、阿城、依兰、巴彦等地。

（2）JI-1120：黑龙江省农业科学院于 1958 年从苏联引入，经引种鉴定选出，1960 年推广。苗期生长繁茂、健壮，茎叶浓绿色，叶片较宽，叶面覆有蜡被，抗旱性能强。后期生育迅速，茎秆直立，抗倒伏。立枯病、炭疽病、锈病轻。花深蓝色、较大，种子棕褐色，有光泽，千粒重 3.8~4.4 g。株高 80~105 cm，平均 84.6 cm，花序短而紧密。生育期 70~75 天，为晚熟品种。原茎单产 218~427 kg，纤维单产 31~73 kg，长麻率平均 16.4%。目前主要集中在兰西、呼兰、海伦、克山、拜泉等地。每亩保苗 130 万株为宜，适于岗地、洼地或二洼地栽培。

（3）黑亚 3 号：黑龙江省甜菜研究所用杂交育种方法育成，该品种健壮整齐，茎叶浓绿色，叶片较短而宽，肥厚，向斜上方伸展，茎叶表面覆有蜡被，茎秆直立，有弹性，抗倒伏能力强。前期生育缓慢，迅速生长期较长。立枯病、炭疽病轻。花深蓝色，中等大小，花序短而紧密，蒴果及种子较大，种子深褐色，千粒重 4.2~4.5 g。株高 80.4~120.0 cm，平均 98.3 cm，工艺长 72.9~107.0 cm，平均 85.6 cm。生育期 73~77 天，为晚熟品种。该品种适应性广，抗逆性强，适于平地、二洼地、岗地栽培，在肥水较好的条件下增产效果较显著。一般每亩保苗 130 万株左右为宜。

（4）黑亚 17：是采用外源总 DNA 导入技术，以法国品种 Ariane 为供体、品系 81-8-63 为受体导入后代选育而成的纤维亚麻新品种。原茎、长麻、全麻、种子产量分别达到 5595.9 kg/hm^2、873.1 kg/hm^2、1338.7 kg/hm^2 和 594.7 kg/hm^2，分别比对照增产 9%、16.5%、11.7% 和 16%。长麻率 19.5%，比对照高 1.7%；全麻率 29.9%，比对照高 1.1%。2007 年 3 月通过黑龙江省农作物品种审定委员会审定推广。

（5）黑亚 18 号：是以纤维亚麻品种黑亚 10 号为母本，法国亚麻品种 Argos（高斯）为父本进行杂交选育而成。生产试验结果表明：原茎、长麻、全麻、种子产量分别达到 5679.3 kg/hm^2、954.6 kg/hm^2、1341.4 kg/hm^2 和 634. kg/hm^2，分别比对照增产 6.4%、21.5%、13.6% 和 11.8%。长麻率 21.3%，比对照高 2.7%；全麻率 30.0%，比对照高 2.1%。该品种作为优质、高产抗逆性强的亚麻新品种，于 2008 年 3 月通过黑龙江省农作物品种登记委员会登记推广。

（6）黑亚 19 号：是以品系 87097-30 为母本，以黑亚 7 号为父本，成功选育出的纤维亚麻新品种。该品种原茎、长麻、全麻、种子产量分别达到 5239.0 kg/hm^2、853.3 kg/hm^2、1270.3 kg/hm^2 和 570.0 kg/hm^2，分别比对照黑亚 11 号增产 12.00%、20.80%、18.9% 和 14.70%。长麻率 19.90%，比对照高 1.5%；全麻率 29.70%，比对照高 1.8%。2009 年 2 月通过黑龙江省农作物品种审定委员会审定。

（7）黑亚 20：1997 年以亚麻品系 96056（黑亚 4 号 × 俄罗斯品种

KPOM）为母本、品系 96118（法国品种 Argos× 黑亚 4 号）为父本选育而成。2005—2006 年经黑龙江省农业科学院经济作物研究所进行 2 年所内鉴定试验，该品系表现出了高纤、优质、早熟的特性。于 2007 年参加黑龙江省区域试验，2009 年进行了生产试验，于 2010 年 3 月通过黑龙江省农作物品种审定委员会审定。该亚麻新品种苗期生长健壮，茎绿色，叶片墨绿色，花蓝色，花序短而集中，株型紧凑，种皮褐色，千粒重 4.5 g，生育日数 77 天，属于中熟品种。2007—2008 年在北方华科、沃尔泰种业、兰西二良、尾山农场、北兴农场等地进行了区域试验。2 年区域试验原茎、长麻、全麻、种子产量分别达到 5497.6 kg/hm^2，862.3 kg/hm^2，1281.4 kg/hm^2 和 625.4 kg/hm^2，分别比对照增产 9.2%、19.5%、16.7% 和 12.6%。长麻率达 19.6%，比对照高 1.7%；全麻率 29.1%，比对照高 1.9%。

（8）黑亚 21 号：是以品系 96001 为母本，以法国品种 Argos 为父本选育而成。原茎、长麻、全麻、种子产量分别达到 5590.2 kg/hm^2、924.9 kg/hm^2、1451.1 kg/hm^2 和 578.4 kg/hm^2，分别比对照增产 13.70%、23.70%、20.9% 和 9.20%。长麻率 19.70%，比对照高 1.9%；全麻率 31.0%，比对照高 2.4%。于 2012 年 2 月通过黑龙江省农作物品种审定委员会推广。

（9）云亚 1 号：是从引入材料 8323-11 的自然变异后代中经系统选育而成的云南省首个具有自主知识产权的亚麻新品种。该品种两年多点试验结果：平均原茎产量 11772.0 kg/hm^2，较对照增产 3.04%；全麻率 29.61%，较对照提高 1.46%；平均纤维产量 2679.8 kg/hm^2，较对照增产 9.11%，纤维断裂强力值为 225 N。

（10）黑亚 23 号：黑龙江省农业科学院经济作物研究所以优质、高纤、抗性强亚麻品种黑亚 12 号为母本，以高纤、抗倒伏、早熟的法国品种 Ilona 为父本杂交选育而成。经试验，该品系原茎、全麻、种子产量分别为 6141.1 kg/hm^2，1556.2 kg/hm^2，636.3 kg/hm^2，分别比对照增产 17.5%、25.3% 和 13.5%。全麻率 30.8%，比对照高 1.8%。于 2014 年通过黑龙江省农作物品种审定委员会登记推广，定名为黑亚 23 号。

（11）华亚 1 号：以荷兰亚麻品种 AGTHAR 为母本，以从俄罗斯引进的种质资源 D95029 筛选到的多胚单株 D95029−7−3 为父本进行杂交，经过多代单株选择，从其后代选育出优良品系 H07020−2。该品系 2013—2014 年在黑龙江省种植原茎产量 6760～8333 kg/hm^2，比对照黑亚 14 号增产 10.87%；纤维产量达到 1649～2326 kg/hm^2，增产达极显著水平；2016 年在安徽省参加鉴定试验，原茎产量 6320 kg/hm^2，比对照品种中亚麻 2 号增产 15.75%，当年经安徽省非主要农作物鉴定登记委员会登记，命名为华亚 1 号。

（12）华亚 2 号：黑龙江省农业科学院经济作物研究所以自选多胚品系 D95029−8−3−7 为母本，以自育品系 98018−10−22 为父本杂交，经多代定向选择育成。该品种 2013—2014 年在黑龙江省种植原茎产量 7333～8083 kg/hm^2，比对照黑亚 14 号增产 13.25%，纤维产量达到 1623 kg/hm^2，增产极显著；2016 年在安徽省参加鉴定试验，原茎产量 6540 kg/hm^2，比对照品种中亚麻 2 号增产 19.78%，当年在安徽登记。

（13）吉亚 7 号：吉林省农业科学院经济植物研究所在 2004 年以优质、高纤（采用等离子诱变方法处理）02−48 为母本，以抗倒伏 98−338 为父本进行杂交，经系谱选择，于 2010 年决选亚麻新品系 TY−02。2011—2012 年在吉林省农业科学院经济植物研究所内和异地进行预备试验并扩繁原种，2012—2015 年进行区域试验，2013—2015 年进行生产试验。以上试验过程中该品系综合性状表现良好。吉花 7 号属于纤维用亚麻品种。叶片绿色，互生，呈披针形，茎绿色，花蓝色，花序短而集中；茎秆直立，株高平均 98.6 cm，工艺长 84.4 cm，穗长 14.2 cm，分枝数 3～5 个，单株蒴果 5～7 个；出苗至工艺成熟期 70～73 天，需活动积温 1650～1800℃。4 年区域试验结果：原茎平均产量 6400.36 kg/hm^2，较对照增产 13.59%；全麻平均产量 1622.66 kg/hm^2，较对照增产 18.14%；种子平均产量 402.95 kg/hm^2，较对照增产 10.89%；全麻率 30.57%，较对照提高 1.76%。

（14）中亚麻 3 号：2003 年将亚麻种子通过第 18 颗返回式科学技术试验卫星搭载进行空间诱变，经过卫星搭载的种子于 2004 年开始在云南大理州种植，经过多代系谱选择于 2008 年决选出性状稳定品系 Y5F051，2009—2010 年品种鉴定试验后参加 2011 年、2012 年新疆亚麻区域试验，在试验中原茎产量居第一位，平均原茎产量比天鑫 3 号增产 13.41%，比中亚麻 2 号增产 16.73%。在 2012 年生产试验中，原茎产量比对照天鑫 3 号增产 12.33%。该品种于 2013 年 11 月通过新疆维吾尔自治区非主要农作物品种登记办公室登记，命名为中亚麻 3 号。主要特点是产量高，整齐度好，抗倒伏能力强，适应性强，适合新疆北疆地区种植。

（15）尾亚 1 号：1995 年以荷兰都倍加种子公司育成的优质、高产、抗病性强亚麻品种 Elise 为母本，以高纤、抗倒伏能力强、早熟的法国品种 Evelin 为父本进行杂交育成，组合号为 1995-003。经性状分离、优选大量植株扩繁筛选，2004 年鉴定。F1 代决选出亚麻新品系 2005—2006 年在尾山农场进行了两年鉴定试验，该品系表现出高纤、优质、早熟、抗倒伏能力强的特性。于 2007—2008 年参加黑龙江省区域试验（编号为 WS2007-1）。2009 年参加生产试验，2009 年 12 月申报登记新品种。尾亚 1 号生育日数 74 天，属中早熟品种。苗期生长繁茂，茎绿色，叶片深绿色，花蓝色，花序短而集中，分枝短，4~6 个，蒴果数为 6~8 个，株型紧凑。株高 82.3 cm 左右，工艺长度 70 cm 左右，茎秆直立，整齐度好，抗倒伏能力强，成熟时茎秆为淡黄色。该品种适应性强，抗涝、抗倒伏性强。长麻率为 19.8%，全麻率为 29.9%，纤维强度为 261N，立枯病发病率为 1.1%，枯萎病发病率为 0.8%，未发现炭疽病和白粉病等其他病害。

（16）双亚 16 号：双亚 16 号是以双亚 7 号为基础材料，利用 γ 射线辐照诱变结合组织培养技术并经田间单株决选育成。区域试验原茎、长麻、全麻和种子的平均产量分别为 4948.6 kg/hm^2、810.2 kg/hm^2、1220.4 kg/hm^2 和 659.2 kg/hm^2，比对照增产 7.8%，15.5%，13.4% 和 14.3%。生产试验原茎、长麻、全麻和种子的平均产量分别为 5487.2 kg/hm^2、889.5 kg/hm^2、1426.9 kg/hm^2 和 577.3 kg/hm^2，分别比对照增产 11.60%、18.90%、18.9% 和 8.60%。该品种是国内第一个应用组织培养结合物理诱变技术和常规育种技术选育出来的纤维用亚麻新品种，长麻率 19.5%，全麻率 31.20%，分别比对照提高 1.7% 和 2.6%，纤维强度 235 N。作为高纤、抗逆性强纤维亚麻新品种于 2012 年 3 月通过黑龙江省农作物品种登记委员会登记推广。

（17）张亚 2 号：白粒亚麻新品种张亚 2 号是张掖市农业科学研究院以白粒油用型亚麻品系 8158-1 为母本、红粒兼用型亚麻 7669 为父本杂交选育而成。在 1997—1998 年张掖地区亚麻区域试验中，折合平均产量 2935.35 kg/hm^2，较对照品种 7511、陇亚 7 号分别增产 28.28%、17.94%。在 2005—2006 年甘肃省亚麻区域试验中，折合平均产量 1956.15 kg/hm^2，较对照品种陇亚 8 号减产 3.71%。该品种籽粒白色，含油率 42.3%，亚麻酸含量 57.93%，适宜河西走廊 2100 m 以下的山川地、甘肃中东部水旱地，以及新疆、青海、宁夏等省（区）的同类地区种植。

（二）油用和油纤兼用亚麻品种

（1）雁杂 10 号：由山西省雁北地区农科所用雁农 1 号作母本，尚义大桃作父本杂交选育而成。株型紧凑集中，株高 50~80 cm，工艺长度 30~50 cm，分枝 5~8 g，花蓝色，花期 25 天，每果结籽 6~9 粒，籽粒较大，千粒重 7~8 g，籽粒红褐色，成熟时不易裂果落粒。种子含油率 40%~43%，出油率 30%~33%。生育期 100~115 天，抗锈病、抗倒伏能力强。

（2）四九胡麻：河北张家口地区坝上农科所从雁杂 10 号胡麻中单株选育而成。幼苗茁壮，生长整齐，叶片大而厚，花较大，蓝色，花期 25 天，株高 50~70 cm，工艺长度 25~45 cm，分枝多，蒴果大，平顶。单株蒴果 14~30 个，每果结籽 6~10 粒，籽粒大，红褐色，千粒重 7~10 g。生育期 100~115 天，不倒伏，不裂果落粒。

（3）大同 4 号：山西雁北地区农科所从雁杂 10 号中选育而成。幼苗茁壮，株型紧凑，株高 49~65.9 cm，上部分枝多，花较大，浅蓝色，花期较长，单株蒴果 10~50 个，籽粒较大，红褐色，千粒重 7.2~8 g，种子含油率 45.9%，出油率 30%~34%。生育期 110~120 天。抗立枯病和炭疽病能力较强。成熟时不易裂果落粒，抗倒伏性较强。

（4）华亚 3 号：2005 年黑龙江省农业科学院经济作物研究所从波兰引进的种质资源 Pekinense 中选择优良变异单株，采用系谱法选育出 DZH 系列品系，通过鉴定和品系比较试验，将表现优良的株系 DZH-1 在黑龙江、云南等地进行抗病性和产量性状鉴定，并于 2017 年通过安徽省联合鉴定试验命名为华亚 3 号，该品种作为纤油兼用、氮高效亚麻品种在安徽省登记。华亚 3 号花紫红色，茎深绿色，叶披针形，抗倒伏、抗病性强。种皮黄色，千粒重 5.2 g，安徽省种植生育日数 78 天，属早熟型品种。株高 90.3 cm，工艺长度 67.9 cm，分枝 5~7 个，蒴果 20~25 个；出苗密度 1956 株 / 米 ^{2}，茎粗为 2.196 mm，比对照粗 0.368 mm，茎秆直立，有弹性，抗倒伏能力强。

（5）内亚 10 号：油用亚麻新品种内亚 10 号是由内蒙古农牧业科学院以核不育材料 192 为母本，高亚麻酸材料新 18 为父本进行杂交，再以杂交后代中的不育株做母本，与父本连续 3 代回交选育而成的新品种，于 2015 年通过内蒙古自治区农作物品种审定委员会认定。该品种生育期 90~110 天，含油率 38.0%，其中，亚麻酸含量平均为 53.1%，中抗枯萎病、抗倒伏、适应性强、品质优，适宜在我国华北胡麻种植区域种植。

（6）冀张亚 1 号：亚麻种间杂交技术是米君团队首创的亚麻育种技术。米君团队于 2003 探索亚麻种间杂交技术的最有效方式并获得了成功。冀张亚 1 号品系生育日数 85~95 天，平均产量 1185 kg/hm^2，较对照坝亚 6 号、坝亚 7 号、陇亚 8 号分别增产 11.72%，11.36%，34.57%，3 年分列第 11 位、第 10 位、第 6 位，单株分枝数 3.7~4.7 个，单株果数 6.6~7.9 个，果粒数 6.7~7.4 粒，单株生产力 0.3~0.5 g，为油纤兼用早熟品系。2011—2012 年品种比较试验，平均产量 1356 kg/hm^2，两年平均较对照坝亚 7 号、陇亚 8 号分别增产 24.02%、1.70%。该品种株高 46.0~51.0 cm，单株分枝数 2.8~3.7 个，单株果数 5.1~7.1 个，单株生产力 0.25~0.33 g，千粒重 7.4~7.8 g，生育期 88~106 天。

（7）坝选三号：是张家口市农业科学院采用集团选择法选育出的亚麻新

品种。该品种2002—2015年参加了张家口市农业科学院、河北省区试、全国区试、全国抗病性鉴定试验及全国生产试验。结果表明：全国油用亚麻生产试验中坝选三号平均产量1928.7 kg/hm^2，比对照陇亚10号平均增产18.34%，居第一位。含油率第一，抗病性第一。坝选三号是高产、优质、抗病的油用亚麻新品种，该品种2016年通过全国农业技术推广服务中心鉴定。

（8）吉亚6号：是以优质、抗性强的不列颠油用亚麻ARNY为母本，以抗逆性好的油用坝亚3号为父本经过杂交，然后用ARNY回交，通过系谱法选择育成的亚麻新品种。主要特征是优质高产、抗逆性强、成熟期一致，落黄好。该品系籽粒产量相对高产稳定，三年区域平均籽粒产量1393.07 kg/hm^2，比对照陇亚10号增产17.85%；三年生产示范平均籽粒产量1611.57 kg/hm^2，比对照陇亚10号增产21.71%。

二、汉麻的分类及优良品种

汉麻（*Cannabins satival* L.）为荨麻目桑科大麻属一年生草本植物，是重要的韧皮纤维作物，又称为大麻、线麻、寒麻和火麻等，不同地区称谓不同。在黑龙江、内蒙古等地，汉麻被称为线麻；在安徽，被称为寒麻；在广西，被称为火麻；在云南，被称为云麻；在新疆，被称为大麻；在河南，被称为魁麻等。别名多达10余种，目前，统称为汉麻。汉麻通常经过人工选育，植株群体花期顶部叶片及花穗的四氢大麻酚（THC）含量<0.3%，已不具备提取毒品和直接作为毒品的利用价值，可作为工业原料，故又称为工业大麻。

汉麻最早在中国种植和加工应用。作为一种古老的亚洲麻类作物，汉麻是人类最早利用的纺织纤维之一。目前，我国汉麻产量已居世界第一位，约占世界总产量的1/3。若干年来，我国涌现出了许多优良品种，如：

（1）六安寒麻：产于安徽省六安地区，属晚熟品种。20世纪60年代以后北方一些省、区大量引种，表现高产。该品种在安徽于立春前后播种，入伏后收麻，9月上中旬收获种子，从出苗至种子成熟需180~210天。种皮暗绿色，并有黄绿色花纹，千粒重 18 g 左右，苗期叶色绿，心叶为紫色，叶面上茸毛少。植株高达 3~4 m，分枝较多，节间长。麻皮厚，含胶多，沤制后的干基出麻率可达 20% 左右。亩产熟麻 100~150 kg 或亩产生麻 125~200 kg，但纤维粗硬。

（2）蔚县大白皮：产于河北蔚县，为当地农家良种，属中熟品种。近年已引入内蒙古凉城、丰镇、集宁和山西阳高、天镇等麻区。在蔚县 4 月下旬播种，8 月上旬开花收麻，9 月下旬收种，从出苗至种子成熟需 150 天左右。种皮灰白色，无花纹。种子千粒重 22~25 g。苗期叶色浅绿，心叶黄绿，叶片小。株高 3 m 左右，茎秆上下粗细较为均匀。纤维柔软、洁白、胶质少，富有光泽，拉力强，品质好，在国际市场上过去享有盛名。干茎出麻率为 16% 左右。亩产纤维 75~100 kg。

（3）五常大麻：产于黑龙江省五常县，是该省农家品种中最优良的品种。在全省品种区域试验中比其他品种均增产，增产率 8%~30%。干茎出麻率 17% 左右。从出苗至种子成熟需 140~150 天。20 世纪 70 年代以后全省普遍推广，种植面积占全省大麻面积的 1/2 以上。种子黑褐色，花纹明显，千粒重 20~22 g。苗期叶色深绿，子叶胚轴浅紫色。株高 3~4 m，分枝性弱。叶片有小茸毛，耐旱性也较强。

（4）云麻 1 号：是云南省农科院情报所和云南省公安厅两禁处采用系统选育法从云南地方品种火麻中选育出的品种，于 2001 年通过云南省品种审定委员会审定，是中国第一个工业用大麻品种。该品种抗逆性强，雌雄异株，茎秆匀称，生长整齐，株高 3~5 m，千粒重 24 g，生育期约 190 天（云南），纤维工艺成熟期约 110 天。纤维薄而柔软，色白，易脱胶；种子含油量 32%。四氢大麻酚（THC）含量约 0.15%。

（5）汉麻三号：（2012-19）系黑龙江省科学院大庆分院以雌雄异株品种云麻 4 号为母本，与雌雄同株品种 US014 为父本杂交育成的籽实与纤维兼用型品种，品种审定编号为 2017001。出苗至纤维成熟生长日数 79 天左右，出苗至种子成熟日数 90~100 天。需≥10℃活动积温 2000℃以上。雌雄同株，植株茎叶绿色，幼苗浅绿色，心叶微现紫红色。掌状复叶，中部复叶由 7 个小叶组成，株高 200 cm 左右。雄花黄绿色，果穗长 30~40 cm。种子为卵圆形，种皮为灰褐色，有褐色花纹，千粒重 15.5 g 左右。打成麻强力 393N，分裂度为 85 公支；四氢大麻酚含量 0.0043%，种子粗脂肪 31.41%，粗蛋白 24.49%。

（6）龙麻 1 号：（2012−168）系黑龙江省科学院大庆分院和亿阳集团股份有限公司以 γ 射线 20 万琴剂量处理 gabcy−3 亲本种子，用物理诱变育种方法选育而成的籽用型工业用大麻品种。在适应区出苗至种子成熟生育日数 80~85 天，需≥10℃活动积温 2000℃以上。雌雄异株，幼苗绿色，掌状复叶，叶片深绿色，株高 140 cm 左右，雄花为复总状花序，雌花为穗状花序。种子为卵圆形，种皮为灰褐色，千粒重 16~18 g。四氢大麻酚含量 0.021%，粗脂肪 32.01%，蛋白质 28.4%。

（7）庆大麻 1 号：是 2005 年以辽宁省农家品种清源大麻系选品种清源 108 为母本，以乌克兰引进的雌雄同株、高纤、低毒品种 Днепновскаяодн.6 为父本杂交，2006 年以后连续与 Днепновскаяодн.6 回交 5 代获得的 BC5 代经过系谱选育而成的纤用型工业大麻品种。在适应区内出苗至种子成熟生育日数 112 天左右。苗期植株生长健壮，叶片淡绿色，后期叶片绿色；株高 170.0 cm，无分枝；茎粗 0.5 cm，茎秆直立；雌雄异株，种子宿存萼（苞叶）紧贴种皮，种皮暗灰色，种子千粒重 19.0 g；熟期早，工艺成熟期 95 天，出麻率高，纤维品质优良。纤维强度高，纤维强度值为 310N，麻束断裂比强度为 0.93 cN/dtex；四氢大麻酚含量 0.0828%（<0.3%）。

（8）汉麻 4 号：是以 USO−31 为父本、云麻 4 号为母本，通过杂交技术培育的雌雄同株工业大麻新品种。该品种在 2016 年、2017 年参加黑龙江省农作物区域试验，两年区域试验结果表明：原茎平均产量 8777.0 kg/hm^2，比对照品种汉麻 3 号增产 4.3%；纤维平均产量 2074.7 kg/hm^2，比对照品种汉麻 3 号增产 11.9%；种子平均产量 719.0 kg/hm^2，比对照品种汉麻 3 号增产 10.7%；全麻率 28.6%。主要特征：籽纤兼用型雌雄同株工业大麻品种；植株绿色，叶片浅绿色；雄花黄绿色；种子为卵圆形，种皮为浅褐色，种皮上有黑色点状。品种的抗旱性和耐盐碱性较强，适宜在黑龙江第一至第五积温带种植。

（9）汉麻 6 号：2010 年以乌克兰工业大麻品种 US014 为母本，以资源材料 10HBLF 为父本杂交，再以 10HBLF 为轮回亲本，回交至 BCZ 代，采用混合选择方法，通过温室加代与田间选择相结合进行选种，2014 年决选出早熟、高纤、优质、四氢大麻酚含量低于 0.3% 的优良新品系 Y1410-1623。2015 年参加品系比较试验，植株生长整齐一致，熟期早、抗逆性强、产量高。2016—2017 年参加黑龙江省区域试验，平均原茎产量 9374.5 kg/hm^2。比对照品种火麻一号增产 9.3%；平均纤维产量 2027.6 kg/hm^2，比对照增产 21.4%；全麻率为 27.9%，比对照提高 4.7%。2018 年黑龙江省生产试验，原茎产量 9419.8 kg/hm^2，比对照品种火麻一号增产 6.6%；纤维产量 2134.6 kg/hm^2，比对照增产 22.2%；全麻率为 27.7%，比对照品种高 3.5%。

（10）汾麻 3 号：是山西省农业科学院经济作物研究所经系统选育法选育而成的汉麻新品种。2012 年、2013 年参加山西省农作物品种区域试验，12 点次平均麻籽产量 1349.7 kg/hm^2，比对照晋麻 1 号（1190.2 kg/hm^2）增产 13.4%。该品种 2015 年 12 月通过山西省农作物品种审定委员会六届六次会议认定，命名为汾麻 3 号。其主要特征：雌雄异株，株高 2~2.5 m，茎粗 1.5~3 cm，分枝高 120~160 cm，种子千粒重 28~30 g，叶片肥大、苗期浅绿色，后期深绿色，茎绿色，上下茎秆粗细均匀，分枝多，麻籽产量较高。群体一致性较好，全生育期为 110 天左右，是适合山西省生态条件的第 1 个籽用工业汉麻品种。

（11）晋麻 1 号：是山西省农业科学院经济作物研究所经系统选育法选育而成的大麻新品种。2007 年、2008 年参加山西省农作物品种区域试验，10 点次平均麻皮产量 1470.8 kg/hm^2，比对照临县小麻（1243.5 kg/hm^2）增产 18.28%。该品种于 2010 年通过山西省农作物品种审定委员会五届七次会议认定，命名为“晋麻 1 号”。其主要特征：植株高大硬朗，茎秆粗细均匀，分枝少，群体一致性较好，遗传性状较稳定，综合农艺性状较好，优质，高产等，是山西省第一个大麻新品种。

（12）皖大麻 1 号：是以安徽大麻地方品种六安寒麻的优良变异株系后代，经过 2000—2005 年的连续系统选育，形成稳定的品系 01−68。2006—2007 年参加 2 年的新品系比较试验，结果表明，纤维产量 3028～3258 kg/hm^2，种子产量 1021～1042 kg/hm^2，分别比对照品种六安寒麻增产 13.12%～14.84% 和 5.92%～7.09%。2008 年 5 月 31 日通过安徽省非主要农作物品种审定委员会鉴定认证，命名为“皖大麻 1 号”。

（13）皖大麻 2 号：是从安徽地方优良品种六安火麻变异株系中经系统选育而成。2007—2008 年参加新品系比较鉴定试验和生产示范展示。结果表明，纤维产量 2446 kg/hm^2，种子产量 1265 kg/hm^2，分别比对照六安火麻增产 9.65% 和 6.21%，达差异显著水平，单纤维长度达 2.53 cm，比对照六安火麻增加 0.24 cm。2008 年 5 月通过安徽省非主要农作物品种鉴定委员会鉴定认证，命名为“皖大麻 2 号”。为雌雄异株，植株较大，平均株高达 310 cm，茎粗 1.45 cm，皮厚 0.316 mm，种子千粒重 15.85 g，干茎出麻率 19.76%，在雄株开花后收获纤维，纤维产量达 2446 kg/hm^2，种子产量为 1265 kg/hm^2，单纤维长度达 2.53 cm，纤维残脱率较低。叶型为 3～11 片掌状裂叶，裂叶披针状，茎圆形、青绿色，上下茎秆粗细均匀，分枝少，节间长，纤维品质优良。皖大麻 2 号在安徽麻区的适播期为上年 12 月到次年 3 月，最佳播期为 1 月上中旬。该品种出苗较快，苗期长势优良，整齐度较好，中后期生长速度加快，抗倒性好，5 月中旬开始现蕾，5 月下旬至 6 月初开花，达到工艺成熟，工艺成熟期 104～110 天，7 月中旬种子成熟，全生育期 125～136 天。

主要参考文献

[1] 中国农业科学院. 中国苎麻品种志 [M]. 北京：中国农业出版社，1992.

[2] 中国农业科学院麻类研究所. 中国麻类作物栽培学 [M]. 北京：中国农业出版社，1993.

[3] 刘飞虎，郭清泉，郑思乡，等. 苎麻种质资源研究导论 [M]. 北京：中国农业出版社. 2002

[4] 屈冬玉，杨旭. 小康之路——西部种养业特选项目与技术 [M]. 北京：科学普及出版社，2006.

[5] 李宗道. 麻作的理论与技术 [M]. 上海：上海科学技术出版社，1980.

[6] 汪红武，田宏，熊常财，等. 牧苎 0904 饲用苎麻品种比较试验报告 [J]. 湖北农业科学，2015，54（20）：5080–5083.

[7] 熊和平，喻春明，王延周，等. 饲料用苎麻新品种中饲苎 1 号的选育研究 [J]. 中国麻业科学，2005，27（1）：1–4.

[8] 姚运法，曾日秋，练冬梅，等. 饲用苎麻新品种闽饲苎 1 号的选育 [J]. 福建农业学报，2017，32（2）：119–123.

[9] 任小松，张中华，杨燕，等. 饲料用苎麻新品种“川饲苎 1 号”的选育研究 [J]. 新农村，2013（8）：70–71.

[10] 任小松，崔忠刚，唐朝霞. 饲料用苎麻新品种“川饲苎 2 号”的选育研究 [J]. 农业开发与装备，2014（8）：81–82.

[11] 邢虎成，揭雨成，周清明，等. 苎麻新品种“湘饲苎 2 号”选育报告 [J]. 作物研究，2017，31（3）：274–278.

[12] 邢虎成，揭雨成，周清明，等. 苎麻新品种湘饲纤兼用苎 1 号选育 [J]. 作物研究，2019，33（3）：194–199.

[13] 朱校奇. 苎麻新品种——湘苎 6 号 [J]. 农村百事通，1994

(7): 19.

[14] 邱一彪. 苎麻新品种——"川苎七号"[J]. 农家科技，2001(7): 7.

[15] 张中华，魏刚，任小松，等. 优质高产多抗苎麻新品种"川苎10号"选育报告[J]. 中国麻业科学，2007，29(2): 67–70.

[16] 龚友才，黎宇，戴志刚，等. 黄麻圆果种新品种中黄麻1号的选育研究[J]. 中国麻业，2005(4): 170–175.

[17] 洪建基，方平平，曾日秋，等. 圆果种黄麻新品种"闽黄1号"的选育[J]. 福建农业学报，2014，29(8): 745–747.

[18] 郭晓彦，史鹏飞，张琳，等. 新型红麻综合杂交品种红综3号的选育[J]. 中国麻业科学，2019，41(4): 151–157.

[19] 陈安国，唐慧娟，李建军，等. 高产多抗优质红麻新品种"中红麻16号"的选育[J]. 中国麻业科学，2016，38(1): 1–8+18.

[20] 林培清. 红麻新品种"福红航952"的选育与栽培技术[J]. 福建农业科技，2011(6): 26–29.

[21] 陈安国，李德芳，李建军，等. 高产优质抗病强适应性广红麻新品种"中红麻13号"的选育[J]. 中国麻业科学，2011，33(4): 172–178.

[22] 陶爱芬，祁建民，徐建堂，等. 光钝感、高产红麻新品种福红航992的选育[J]. 中国麻业科学，2011，33(1): 1–3.

[23] 吴建梅，祁建民，黄华康，等. 优质高产红麻新品种福红991的选育[J]. 中国麻业，2003(6): 1–5.

[24] 祁建民，林荔辉，林培青，等. 优质高产红麻品种福红951的选育[J]. 福建农业大学学报，2003(1): 1–5.

[25] 康庆华，王玉富，张树权，等. 亚麻新品种华亚3号的选育[J]. 安徽农业科学，2018，46(27): 39–41.

[26] 黄文功，关凤芝，吴广文，等. 纤用亚麻新品种黑亚 23 号选育及其配套栽培技术 [J]. 中国麻业科学，2018，40（3）：97−100+123.

[27] 康庆华，王玉富，宋喜霞，等. 亚麻新品种华亚 2 号的选育 [J]. 中国麻业科学，2018，40（3）：101−105.

[28] 康庆华，宋喜霞，于莹，等. 亚麻新品种华亚 1 号的选育 [J]. 中国麻业科学，2018，40（2）：49−52+94.

[29] 周宇，张辉，贾霄云，等. 油用亚麻新品种“内亚十号”的选育 [J]. 中国麻业科学，2018，40（2）：53−55+94.

[30] 曲志华，王玉祥，乔海明，等. 种间杂交选育亚麻新品种冀张亚 1 号 [J]. 中国麻业科学，2018，40（1）：8−11.

[31] 牛海龙，徐驰，潘亚丽，等. 纤维用亚麻新品种吉亚 7 号选育经过及栽培技术 [J]. 现代农业科技，2017（20）：26−27.

[32] 张丽丽，乔海明，曲志华，等. 油用亚麻新品种坝选三号的选育 [J]. 中国麻业科学，2017，39（4）：180−182.

[33] 王世发，刘海龙，徐民驰，等. 亚麻新品种吉亚 6 号选育报告 [J]. 农技服务，2016，33（13）：31−32.

[34] 邱财生，张正，龙松华，等. 纤维亚麻新品种中亚麻 3 号的选育 [J]. 核农学报，2014，28（12）：2148−2152.

[35] 汪兴林，邹本权，王长成，等. 纤维用亚麻新品种尾亚 1 号选育报告 [J]. 种子世界，2013（1）：45−46.

[36] 姬妍茹，刘宇峰，韩承伟，等. 纤维亚麻新品种双亚 16 号选育报告 [J]. 中国麻业科学，2012，34（3）：109−111.

[37] 黄文功，关凤芝，吴广文，等. 纤维亚麻新品种黑亚 21 号选育简报 [J]. 中国麻业科学，2012，34（2）：74−75.

[38] 关凤芝，吴广文，宋宪友，等. 纤维亚麻新品种黑亚 19 号选育 [J]. 中国麻业科学，2010，32（6）：314−315+326.

[39] 黄文功，吴广文，宋宪友，等. 纤维亚麻新品种黑亚 20 的选育 [J]. 黑龙江农业科学，2010（12）：172+174.

[40] 杜刚，朱炫，刘其宁，等. 纤维亚麻新品种云亚 1 号选育报告 [J]. 中国麻业科学，2009，31（3）：179–181.

[41] 关凤芝，吴广文，宋宪友，等. 纤维亚麻新品种黑亚 17 的选育 [J]. 黑龙江农业科学，2009（1）：152–153.

[42] 关凤芝，吴广文，康庆华，等. 纤维亚麻新品种黑亚 18 号选育报告 [J]. 中国麻业科学，2008（4）：185–187.

[43] 刘秦，姚正良. 白粒亚麻新品种张亚 2 号选育报告 [J]. 甘肃农业科技，2008（5）：3–5.

[44] 韩喜财，王晓楠，姜颖，等. 雌雄同株工业大麻新品种“汉麻 4 号”选育 [J]. 中国麻业科学，2020，42（1）：1–5.

[45] 曹焜，孙宇峰，韩承伟，等. 工业大麻新品种“汉麻 6 号”的选育 [J]. 中国麻业科学，2020，42（1）：6–10.

[46] 康红梅，赵铭森，孔佳茜，等. 工业大麻新品种汾麻 3 号的选育 [J]. 种子，2017，36（6）：114–116.

[47] 孔佳茜，康红梅，赵铭森，等. 大麻新品种“晋麻 1 号”选育报告 [J]. 中国麻业科学，2011，33（5）：217–219.

[48] 郭鸿彦，胡学礼，陈裕，等. 早熟籽用型工业大麻新品种云麻 2 号的选育 [J]. 中国麻业科学，2009，31（5）：285–287.

[49] 陈发宏，杨龙，吕咏梅，等. 大麻新品种皖大麻 2 号的选育 [J]. 中国麻业科学，2009，31（3）：188–190.

[50] 杨龙，吕咏梅，王斌，等. 优质高产大麻新品种皖大麻 1 号的选育研究 [J]. 中国麻业科学，2009，31（1）：17–20.

[51] 崔景富，王福军，王丽颖，等. 汉麻及开发前景 [J]. 北方水稻，2006（s1）：118–119.

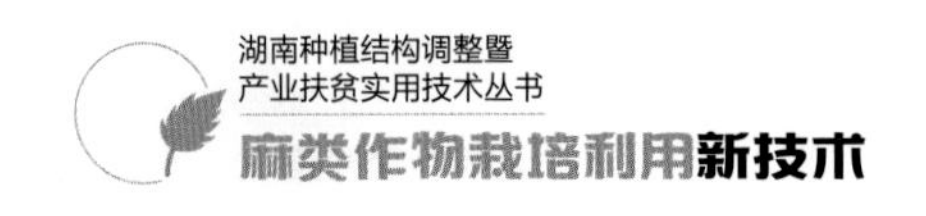

[52] 于革，张治国，朱浩. 汉麻收获机械研究现状与发展前景 [J]. 农业工程，2018，8（3）：14−16.

[53] 郭丽，王明泽，车野，等. 工业大麻新品种庆大麻 1 号的选育 [J]. 中国麻业科学，2017，39（2）：61−63.

[54] 杨明，郭鸿彦，文国松，等. 大麻新品种云麻 1 号的选育及其栽培技术 [J]. 中国麻业科学，2003，25（1）：1−3.

3 第三章 麻类作物繁育技术

第一节　麻类作物有性繁殖技术

麻类作物繁育技术包括有性繁殖和无性繁殖，有性繁殖即种子繁殖，指利用雌雄受粉相交而结成种子来繁殖后代的方法。其特点是繁殖数量大，根系完整，生长健壮，但是一些通过异花授粉的容易发生变异，不易保持原品种的优良特征。亚麻、汉麻、红麻、黄麻等多采用有性繁殖，部分苎麻也采用有性繁殖。以下详细介绍苎麻的有性繁殖，其他麻类请参考第五章红麻、黄麻高产优质栽培技术和第六章亚麻、汉麻高产优质栽培技术。

一、苎麻种子繁殖的优势

种子繁殖是“多、快、好、省”发展苎麻生产的重要途径之一。当前，我国主产麻区要快速发展苎麻还要依靠种子繁殖的方法。

种子繁殖的优点很多。第一，种子繁殖系数大，成本低，投资小，500 g 苎麻种子育 1 亩地麻苗，可移栽 15~20 亩。第二，苎麻种子小，500 g 苎麻种子有 1500 万粒左右，包装运输方便，有利于当地换种，也便于外地引种。第三，在良好培育条件下，当年可收 1~2 次麻，一般可收麻 25~50 kg。第四，实生苗有强大的根系，特别是萝卜根发达，能够深入土层，获得更多的水分和养分，保证地上部生长旺盛。它不像分蔸等方法那样容易传染病菌或带有天牛等害虫，所以宿根年代久，不易败蔸。

二、苎麻种子繁殖存在的问题

当前，苎麻种子繁殖存在的问题主要有两个。第一，种子混杂的问题。苎麻是异花授粉作物，造成种子繁殖苎麻品种不纯，混杂严重。解决的办法是在主产麻区建立良种基地，精选同一品种的麻蔸或扦插苗栽植，并设置隔离区。

第二，也是更突出的问题，就是种子繁殖后代普遍发生变异。用无性繁殖的苎麻，一般都能保持良种的特征特性。用种子繁殖，一般都发生变异，如果不加选择就移栽于大田，由于后代良莠不齐，生长有高有矮，成熟有早有迟，麻皮有厚有薄，它的化学成分（如含胶量），以及物理性能（如纤维支数），必然有很大差异，严重地影响原麻产量和质量。

三、苎麻种子繁殖的生理基础

苎麻种子没有休眠期，只要种胚成熟，条件适宜，胚细胞即由休止状态进行分裂，开始旺盛地生长。当种子吸收水分达 30%~40%，温度在 6~7℃时开始萌芽，当土壤含水量为最大持水量的 70%~80%，温度在 22~25℃时，3~4 天就能萌芽。种子吸水膨胀后，先露出胚根，当胚根长达 3 mm 时发出第一对真叶。在长沙，自出苗到出现第 8 片真叶，3 月上旬播种的，一般需要 60 天；4 月上旬播种的，一般需要 45 天。苎麻种子虽小，含油分却很多。苎麻种子贮藏的物质主要是脂肪和蛋白质。苎麻种子发芽时必须有良好的通气条件，要强调爽土播种，并且要浅盖，防渍水，防土壤板结。

四、苎麻种子繁殖技术

（一）选用良种

实践证明，广西黑皮蔸、沅江竹叶青等品种是比较适宜于作种子繁殖的良种。

（二）苗床选择

苗床应选择熟化度高、肥沃、渗水性好、背风向阳、排灌方便、杂草少的黏壤土或壤土，一般 100 g 种子需要苗床 66.7 m^2，育苗后可移栽 1~2 亩苎麻。

（三）整地与基肥施用

苗床要整得很细，用木板稍拍紧，如土粒较大又不易碎（水稻田改种麻）可撒一层细土，以免种子掉入缝隙。宜在冬季进行整地，一般耕翻 17~20 cm 开厢作畦，厢宽 10~13 cm，厢沟 33 cm 左右每亩施腐熟肥或土杂肥 1000~2000 kg，肥料与土搅拌均匀；拣除杂草，打碎土块，整细耙平，使厢平呈龟背形。再亩施人畜粪 750~1000 kg 作厢面肥；待土稍平后，用平锹轻轻荡平厢面即可播种（图 3-1）。

图 3-1　苗床整地

（四）适时播种

春季育苗当土温在 12℃以上即可进行；秋季育苗 8 月上旬至 9 月上旬为播种适期，最迟不超过 9 月中旬。播种量一般每亩苗床用种 0.5 kg。播种前用木板将厢面括平、拍平，做到上实下虚，用洒水壶均匀洒水湿润苗床，均匀撒一层薄薄的草木灰，每 50 g 种子用 1.5~2 kg 草木灰拌种。采用手播法或细筛筛播法来回反复多次播种，要求拌匀，播匀。在日平均温度 20℃左右时，一星期即可出苗（图 3-2）。

图 3-2　苎麻播种

（五）覆盖

播种后搭拱 15~18 cm 盖膜（图 3-3），使膜内温度保持在 25~28℃，温度过高可敞开两头通风，待苗长出 3~4 片真叶就可揭膜炼苗。薄膜覆盖成本太高，可选用稻草覆盖，以盖至不见土为宜，待出苗后分次分批揭完稻草。管理要精细，每天要细察看，特别是盖膜的要控制好膜温，切记不要一次性揭膜，防止生理失水死苗，炼苗时白天揭晚上盖，晴天揭雨天盖。

图 3-3　盖膜

（六）间苗

根据出苗情况，适时间苗，苗距以 3.3 cm 左右为宜，否则容易出现高脚苗。间苗一般以叶不搭叶为准。

（七）除草追肥

苗床杂草应及时清除，当麻苗长至 4~5 片真叶后，第一次追肥每担水（约 50 kg）兑一粪瓢人粪尿，以后施肥可渐加浓，当麻苗长至 6~7 片真叶时，每亩可用 1.5~2.5 kg 尿素提苗（浓度不能高于 2%）。

（八）移栽

如果麻苗管理得好，50~60 天可长 8~10 片真叶，这时即可移栽。一般

3 月中下旬育苗，5 月中下旬可移栽。春夏季栽麻宜在 6 月上中旬前栽完，否则移栽后成活率低，当年难以受益。移栽前先泼水湿润苗床，然后间苗移栽或用锄头取苗带土移栽。最好选晴天下午栽，或选阴天，或下雨前栽，栽后及时浇水，天气干旱要连续多次淋水至成活为止。

图 3-4　8~10 片真叶的苎麻

第二节　苎麻无性繁殖技术

苎麻的无性繁殖包括分蔸、分株、压条、插条、幼苗繁殖以及组织培养技术等，它们具有变异性小，繁殖方法简便等优点；但繁殖率低，营养体笨重，不便运输，感染病害可能性大。其中分蔸法在生产上应用较广，这是因为其方法简便，一年四季都可以采用，如果精选粗壮地下茎，精心培育，第一年即可获得丰收。

一、苎麻无性繁殖的生理基础

植物器官的再生能力是营养繁殖的生理基础。营养繁殖的生根与发芽，首先要形成根原体和不定芽。根原体主要由维管束鞘和形成层产生，不定芽主要由皮层薄壁细胞分化形成。由于繁殖部位和繁殖时期不同，根原体和不定芽发生的部位可能有所不同。无性繁殖能否成功以及成活率高低，与母株的营养状况、繁殖时期、长度、环境条件有很大关系。扦插是插条脱离母体后，全靠再生能力长根发枝成活；压条是在不脱离母体的情况下，靠再生能力生根后脱离母株；分株、分蔸是靠根茎的再生能力自然发生新根嫩芽。因此，4 种方法中以扦插较难掌握，压条次之，分株、分蔸最容易。

二、分蔸繁殖

分蔸繁殖有下列几种：

（1）翻蔸法：一般在冬季或早春利用麻地更新，全部翻起麻蔸，进行分蔸繁殖。1 亩老麻地可扩大新麻地 5~10 亩。

（2）边蔸法：冬季深中耕时将挖起的跑马根进行分栽；或者在老麻地，挖取麻蔸的 1/3 或 1/4 来移栽。可扩麻 1~2 亩。

（3）盘蔸法：在麻蔸四周挖取一部分跑马根来移栽。此法一般适用于浅根型品种，可扩麻 1~2 亩。

（4）剃头法：在冬季覆土时，把麻蔸上部龙头根用利锄全部削下来移栽，此法一般适用于深根型品种，并且当年减产很多。

（5）抽行法：一般在麻蔸丛生密集，产量逐渐降低的麻地，用齿耙每隔 67 cm 挖取一行，每亩可扩麻 2~4 亩。

应用以上这些方法挖取的麻蔸应切除萝卜根，再把地下茎砍短，然后分栽。

（6）细切种根法：是将挖出来的龙头根、扁担根、跑马根细切成小块，经过育苗，再移栽大田。1 亩麻蔸可扩麻 30~50 亩，便于良种繁育，还可减少地下害虫的传染。此法的关键在于切好种根和育好苗。切块大小，一般以 5~25 g 为宜。发芽少、出苗慢的扁担根可切大一些，发芽多、出土快的龙头根和跑马根切小一些；发蔸慢的深根型品种切大一些，发蔸快的浅根型品种切小一些。早春育苗，加强苗床管理，培育壮苗，5 月中下旬苗高 26.5 cm 以上，有 4~5 条萝卜根，即可移栽。

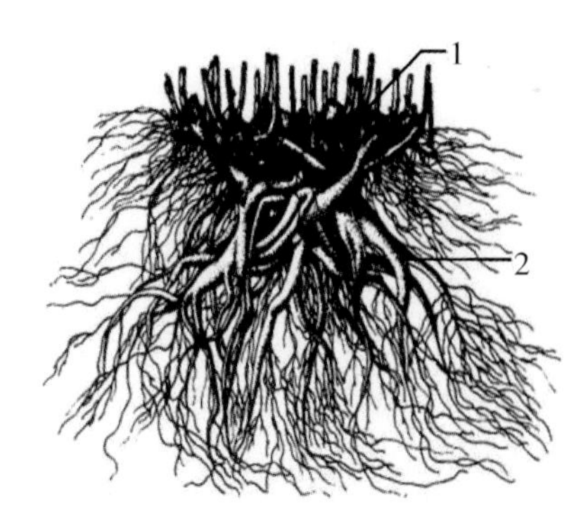

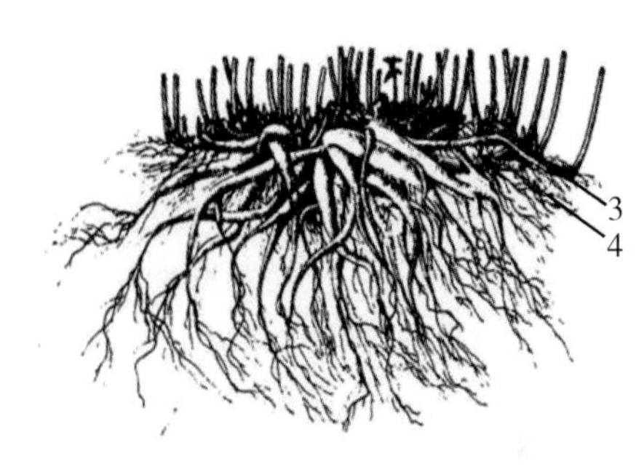

1. 龙头根 2. 萝卜根 3. 跑马根 4. 扁担根

图 3-5 种根类型

三、分株繁殖

分株法是用快刀插入土中切取跑马根上的麻苗，带土移栽。以头季麻成熟时繁殖成活率最高，其次是二季麻成熟期。三季麻成熟时，因气温下降分株繁殖成活率低。

四、压条繁殖

压条繁殖的方法，一般宜在稀植的新麻园或者麻园的四周进行，成活率较高。当头麻、二麻将成熟前，把准备压条的麻株打掉中下部叶片，再在麻株四周开沟，把麻茎压到沟里，上盖疏松肥沃细土，用脚踩紧，使埋入土中部分黄化，易于生根，露出梢端 13~16.5 cm，使部分叶片继续进行光合作用，并须摘掉顶芽，以抑制茎的伸长，如经常浇水，20 天左右即可生根，到冬季或明春再挖出分栽。为了促进生根，压条前，可将压在土

图 3-6 苎麻分蔸

里的枝条部分进行轻微环状割皮或擦伤外皮，使养分积累愈合部分，有利于不定根的发生。

五、插条繁殖

进行插条繁殖的麻地，宜选用排水良好，同时保持相当湿度的砂质土或砂质壤土。扦插时，在较高土壤温度下，易于形成不定根，一般最适土温为20℃左右或更高。因此，头麻、二麻收获前后扦插成活率较高。

扦插材料的成熟度和不同部位的插条与成活率有关。一般在成熟麻茎采取的插条，比未成熟麻茎为高，由茎基部切取的插条比中部的高，而中部又比梢部为高。这和插条内积存的养分多少有关，它是扦插后形成新的器官及初期生长所需要的营养物质的来源。一般木栓化的枝条较没有木栓化、柔软的枝条养分多，基部较前部养分多。因此，在每次麻收获时，可切取基部10~16.5 cm 长一段作为扦插材料。每次收获切取的插条每亩 2 万左右（每亩 2000 蔸，每蔸切取 10 根），1 亩苗圃可育麻苗 3 万 ~4 万株。

扦插的方法：用快刀斜切成熟的麻株，每段长 10~16.5 cm，用黄泥涂下面的伤口，使减少蒸发。扦插时每隔 10 cm 斜插一插条，入土6.5~10 cm，过深影响成活率。插时不要擦伤表皮，露出 1~2 芽，上面覆草，免使土壤干燥。雨水不多时要浇水，使吸收与蒸腾保持平衡，但千万不能渍水。或者在畦面每隔 16.5 cm 开浅的横沟，每隔 10 cm 斜放一插条，回泥压实再盖草。发芽后在芽边培土，使芽下面很快长出细根，到新芽长高成为 13~16.5 cm 幼苗时带土移栽。插条以随采随插较好，但也可短期贮藏。贮藏日数如果超过 2 天，成活率低。

利用 2，4-D、萘乙酸等激素处理插条，可促进生根，提高成活率。这是因为激素加强了酶的活动，在分生组织内加强了同化作用，动用了老细胞中贮藏的营养物质，并把它输送到分生组织中促进生根。李宗道等（1959）试验证明，5~100 mg/kg 萘乙酸钠、2，4-D 溶液浸 24 小时，一般发根迅速，插条成活率提高 1~2 倍。

六、组织培养繁殖

对苎麻的侧芽、地上茎切段、地下茎切段、叶片等分别进行组织培养，均能得到无性繁殖系苗。以腋芽苗最好，利用茎上一个腋芽在半年内可以培养出几万至几十万株苗。主要方法是取幼嫩茎段切成带 1~2 个腋芽的茎切段，接种在长苗的培养基上，使腋芽的苗萌发。分割苗尖接种在长根的培养基上，待长出几条根后便移到苗圃炼苗，再带土移栽。如此反复分割，出苗速度快，繁殖系数高。

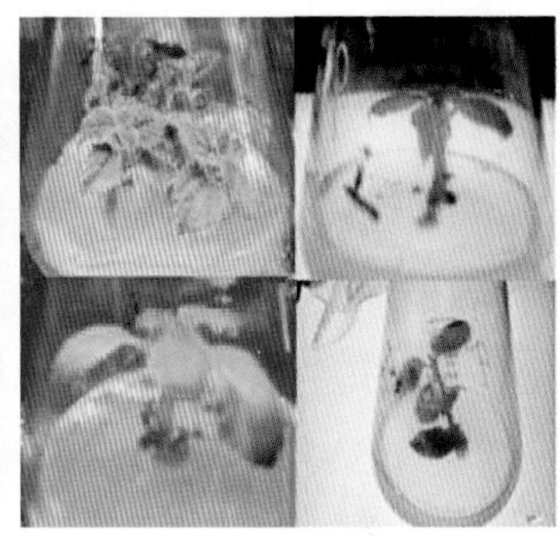

图 3-7　组培苗

七、无性繁殖技术进程

为了适应苎麻生产发展形势的需要，从习惯上用老熟茎为扦插材料，改变为以幼嫩茎为材料。用老熟茎为扦插材料时，越接近茎基部，发根能力越强，成活率越高，插条切段较长的比较短的成活率高。以嫩茎为扦插材料时，越接近正在生长的茎尖部分（幼尖、幼苗、嫩梢、腋芽），发根能力越强，成活率也越高，而插条短的反比长的生根率和成苗率高。

影响扦插成活的因素除繁殖材料的部位、大小及扦插时间和繁殖时期有关外，主要受气温、相对湿度、光照条件、培养基质地和水质等外界因素的制约，在扦插后半个月内，保持苗床的温度和湿度是成败的关键。现将几种用嫩梢（枝）繁殖的方法简述如下。

（一）带叶嫩枝及嫩梢扦插繁殖

1982—1983 年，华中农学院与华东师范大学生物系协作，首先以苎麻嫩梢（枝）为材料进行带叶水插繁殖获得成功。方法是先摘去麻株顶芽促叶腋发生侧枝，然后切取各叶腋长 5~8 cm，带 4~5 片叶的嫩枝，插入装有生根溶液的瓶或水槽（上盖为打孔的薄膜架）中。用收获时三季麻植株嫩枝（梢）为繁殖材料，不影响经济效益，又能获得许多扦插材料，成本低、速度快，繁殖系数大，有利于缩短育种年限和加速良种繁育。

由于苎麻嫩枝（梢）水培法需要大量的水培器皿，成本高，费工多。1984 年湖北沔阳县农牧局进行了室外苗床嫩枝（梢）砂插育苗试验。方法是整平苗床，铺上 3 cm 厚河沙，切取长 5 cm、带 2~3 片叶的嫩梢插入沙中，插深 2 cm，顶端露出沙面，保持沙湿不见水，遮荫培育，成活率达 90% 以上。江西宜春地区麻类科学研究所进行了苎麻嫩茎梢带叶土培扦插繁殖，切取茎梢 8~10 cm，用竹签打洞，插入嫩梢，覆盖薄膜，加强培管，成活率为 87%。

（二）腋芽繁殖

1983—1984 年，湖南农学院利用麻株去顶后从叶腋中长出腋芽，再行快速繁殖的方法。做法是在麻株黑秆初期预先打顶，待腋芽长出 1~2 cm 时，用拇指和食指扳下腋芽，剪去大叶，留 2~3 片幼叶，然后扦插在消毒的河沙上，插后 4~6 天出根假植，覆盖遮荫，一般成活率在 80% 以上。

图 3-8　嫩枝（梢）沙插育苗

（三）腋芽原基带叶扦插繁殖

中国农业科学院麻类研究所研究成功。该法用锋利刀片从叶柄与茎连接的基部削下插条。插条由叶、叶柄及部分韧皮或茎段（带潜伏芽）组成。以茎梢第 14 节以内的叶节较好，其中又以 4~5 片幼叶的叶节生根最好。苗床以河沙最好；其次是砂壤土；黏土较差。叶柄斜插 1~2 cm 深，叶片正面向上，每天早晚各灌水一次，20~30 天有芽出土，再过 7~14 天齐苗。由于幼苗体形较幼小，挖苗时应连土一齐挖出，栽后浇定蔸水。

（四）嫩枝（梢）或幼苗繁殖

取 17~20 cm 长的麻苗或嫩梢去其大叶片，只留顶端几片小叶，立即把基部放入装有 10 cm 深的清水中浸泡半小时（图 3-9）。扦插时用竹、木杆挖窝扦插或用锄头挖坑排栽。麻苗入土深 6~10 cm。插后饱浇水一次，保持半个月的土壤湿润。此法还可以不经过苗床育苗进行一次性大田定植。据估算繁殖系数高 30~80 倍。

图 3-9　剪嫩梢

（五）苎麻扦插繁殖

1. 苗床整理

扦插前 2~3 天择晴天整地，翻耕后作成 1.5 m 宽长畦，开厢沟、围沟，苗床如果是黏土或重黏土可在厢面加细河沙与土拌匀，使土壤松散。

图 3-10　扦插苗床整理

2. 嫩梢消毒处理与扦插

选晴天或阴天（切忌雨天）剪取麻株顶梢或分枝梢，留 3~4 片顶叶，在叶节下 2~3 cm 处剪断，剪成 10~12 cm 长的插条。于扦插前用消毒水将苗床淋透，并把剪下的嫩梢放在消毒水中浸泡 1~3 分钟，扦插时行距与株距 3 cm 左右，插 1~2 cm 深，扦插后再用消毒水把苗床淋一遍。随即插好拱棚（拱高 40 cm 左右），用薄膜覆盖，再盖遮阳网等遮荫。

图 3-11　嫩梢处理与扦插

3. 苗床管理

及时观察补水，膜外观察，下午 7：00 后膜内没有大量水珠挂在薄膜下，就需揭膜浇水；防高温烧苗，每天上午 10：00 至下午 3：00 膜内温度达 40℃时，要立刻在膜外淋水降温；及时补光，每天下午 5：30 揭遮阳网，第二天上午 9：00 再盖上；揭膜炼苗，当麻苗 90% 以上发根，并有 4~6 条细根时，即可揭膜炼苗，先揭开薄膜两端通风，1~2 天后可揭除薄膜；清理病苗、死苗；当麻苗长出 6 条细根，嫩梢发出新叶时，即可出圃移栽。

图 3-12　扦插后苗床管理

主要参考文献

[1] 熊和平. 麻类作物高产优质栽培技术 [M]. 北京：中国农业科技出版社，2001.

[2] 李宗道. 苎麻高产栽培技术 [M]. 长沙：湖南科学技术出版社，1982.

[3] 中国农业科学院麻类研究所. 中国麻类作物栽培学 [M]. 北京：农业出版社，1993.

[4] 李宗道. 麻作的理论与技术 [M]. 上海：上海科学技术出版社，1980.

4

第四章
苎麻高产优质栽培技术

第一节　新栽麻高产优质栽培技术

栽麻当年受益多少，能否早丰产，第一年是关键，新麻的培育管理工作决不能马虎。过去麻区有“种麻三年穷”的说法，这主要是部分群众对新麻栽培管理不善，重视不够。如果栽培管理完善，不仅能早受益，而且第二年就能高产。苎麻新栽麻栽培技术主要针对新麻的1~3年，具有以苗促蔸，以蔸养苗，促进麻蔸早生快发等特点。

一、新麻园的整地与施肥

苎麻整地技术就是按照“深耕熟整，疏松土壤，增加肥力，保水保肥”的原则对苎麻麻园进行整理的技术。苎麻是深耕性作物，整地好坏直接影响麻蔸发育、寿命长短和纤维产量。深耕加厚了耕作层深度，有利于苎麻根系的发展，有利于蓄水、蓄肥和加强抗风能力。

图 4-1　新麻园

1. 深耕整地

荒土栽麻，最好在头年夏秋季或冬天挖好，通过伏晒，冬凌或种植一季冬作物，为次年春栽苎麻创造条件。熟土栽麻，可以随挖随栽，深耕要在 50 cm 以上，其他地块最少也要耕 33 cm 以上。湖区冲积土土层较深，土质比较肥沃的，深耕 33 cm 以上。丘陵山区的黄、红壤，缺乏有机质，必须深耕 50 cm 以上。

2. 作厢开沟

厢面大小，根据地势、土质和地下水位而定。土质疏松、排水良好的砂性土和砂质壤土，或者地下水位较低的，厢面可宽至 330~400 cm。土壤黏重或地下水位较高的，厢面适当缩小到 233~266 cm。坡地横向开厢，厢沟宽 33 cm、深 16.5~20 cm，围沟深。厢沟力求整齐一致，便于排水和灌溉。

3. 施足底肥

底肥以农家肥为主，化肥为辅，迟效肥和速效肥配合，冬季多施热性肥料，使出苗早，出苗整齐健壮。肥料用量较少的情况下，以条施、穴施为宜。肥料较多的情况下，翻土时施入混合粗肥，栽前在行内或穴内施速效混合肥。

二、栽植时期

一般来说，苎麻栽植时期并没有严格的限制。除冬季有冰冻不宜栽麻外，其他时间均可栽植，但为了获得较高成活率和合理用地，依繁殖方法不同，栽麻的适宜时期也有所不同。

（一）种根繁殖的适宜栽植期

种根繁殖以秋末冬初或早春栽植最好，因为秋末冬初栽麻，气温还不那么低，栽后还可以发根、孕芽，伤口愈合快，能安全越冬。当翌年气温转暖时，麻芽出土早，第一年就能收获 2~3 季麻，同时又能间作冬季作物，做到合理利用土地；早春栽麻，气温逐渐回升，栽后伤口愈合快，成活率比冬初栽的高，当年也能收一季麻，夏季和早秋栽麻，由于高温干旱，难以出苗整齐，当年也无麻可收。

细切种根和扦插繁殖因需育苗移栽，栽麻时间必须根据麻苗生长情况而定，一般早春育苗，可在 5 月间移栽。在湖南地区 2 月底 3 月初育苗，5~6 月苗高 30 cm 左右时选阴天或雨前移栽最好。

（二）种子繁殖的适宜栽植期

苎麻种子繁殖的移栽，以早春育苗，抢在春末夏初移栽幼嫩壮苗（8~12 片真叶）为好。即使移栽时麻苗还较小，带土移栽后由于根系完整，生活力强，气候条件适宜，不但成活率高，栽后生长正常，而且生长季节长，当年可收麻一两次，产量较秋栽或隔年春栽的都高。

三、栽植密度与方式

（一）合理的栽植密度

苎麻的产量是由皮厚、茎高、茎粗、有效分株数和出麻率五个因素构成。新麻栽后在一定年限内，其分株数和产量 5 个因素随麻龄增长而增加，到一定年限后，则因分株过密产量反而下降，故习惯上大多用稀植的办法，延长麻园寿命，确保持续高产。但稀植受益慢，高产难。近年来由于推广新技术，配合田间管理，苎麻的栽植密度增加到 2500~3000 株（无性繁殖苗）或 7500~9000 株（种子繁殖苗）。不仅能提早受益，而且在坡地有利于拦截降水径流，减轻水土流失及表面蒸发和养分流失，起到了保持水土和发挥肥效的作用。同时密植封行早，有助于抑制杂草生长，还可以使株型紧凑，节间伸长，成熟一致，减少新麻分叉，提高纤维的品质。但过度密植会造成茎叶过于繁茂，行间郁闭，单株养分和干物质积累剧减，引起倒伏和无效株增多，产量下降。在一般条件下亩栽 2500~3000 株（无性繁殖苗）或 7500~9000 株（种子繁殖苗）为宜。

品种不同，分株力有很大的差异，因此栽植密度也应有所不同。一般分株力弱的品种，应适当密植，亩栽 2500 ~ 3000（无性繁殖苗）或 7500~9000 株（种子繁殖苗）为宜；分株力强的品种，适当稀植，亩栽 1500 ~ 2000 株（无性繁殖苗）或 4500~6000 株（种子繁殖苗）为宜；中间型品种介于两者之间，栽植密度以亩栽 2000 株（无性繁殖苗）或 6000 株（种子繁殖苗）为宜。

图 4-2　移栽

（二）栽植方式与方法

合理的栽植方式，不但可以充分利用土地，增加产量，而且有利于田间管理，防止风害，保持良好的纤维质量。目前麻产区主要采用正方形、长方形、三角形栽麻或宽行密株的栽麻方式。正方形栽麻营养面积均匀，但不便于田间管理，长方形栽麻刚好相反，有利于田间管理，营养面积不均，不能充分利用地力；宽行密株虽有利于通风透光，田间管理方便，新麻冬季还能间种绿肥，但封行不便，易受旱害和风害。因此，应根据具体情况，在土壤深厚、肥沃，旱情少的平湖地区宜采用长方形和宽行密株的方式栽麻；在多干旱、水土流失和风害的地方，宜采用正方形和三角形方式栽麻。

栽麻方法对提高成活率有很大关系。根据各麻区经验，冬夏栽麻宜深，盖土 2~3 cm，以利于防旱、防冻；春、秋栽麻宜浅，盖土 1.5 cm 左右以利于出苗早，出苗齐，盖土时应与厢面平或略高于厢面，以免清水烂蔸。种子育苗移栽，应按麻苗大小分别带土移栽，覆土齐子叶节，并及时浇安蔸水，晴天还要连续浇水 3~4 天。

四、田间管理

栽麻后及时加强田间管理，使出苗生长整齐，长势旺盛，发蔸快，扎根深，对争取早受益，快高产极为重要。

（一）查蔸补缺

新栽麻缺蔸、缺株时，需及时查蔸补缺，保证基本蔸数和苗数。补蔸要及时，如补蔸过迟，跟不上早栽的，仍是弱蔸麻，甚至会荫死。切芽繁殖、育苗移栽的，成活后立即进行查补，发现缺蔸，及时选大苗大蔸补上。栽麻时，每厢隔一定距离在行间栽几蔸麻，用以近地补缺，既易成活，又省工。

（二）中耕追肥

新栽麻地空间大，杂草容易滋生，大雨使土壤板结，应勤中耕除草，保持土壤疏松，促进根系发达。冬季间作的，在间作物收获后要立即中耕除草。中耕宜先浅后深，蔸边浅，行间深，最深不过 16.5 cm，不要挖动麻蔸。中耕结合追肥，要求弱蔸多施，强蔸少施，促进生长整齐。中耕时注意清沟，以利于排水。

（三）防旱抗旱

新麻栽后不久即进入高温季节，加上麻地空隙大，土壤水分蒸发快，引起土壤干旱缺水，影响麻苗的正常生长。新麻园防旱可在行中加覆盖物，或挑水泼蔸，或引水沟灌。但沟灌土湿后就要放水，久泡会烂蔸。

（四）破秆

破秆是新麻栽植后的一个重要措施。冬季或春季栽的麻最初发生的地上茎秆要适时刈割，促使多发分株，早收麻。如果刈割过早，麻蔸的扩展会受到抵制，就会影响来年产量。去年秋季或当年春栽的麻一般在二麻期破秆，收一季三麻。破秆的方法一般用快刀齐地砍去麻秆，或者剥皮后，再砍去麻秆。新麻的破秆时间，应由季节和麻株长相而定，春栽麻一般在立秋前株高1 m 以上、麻株黑秆 2/3 以上破秆为好。新麻生长不好、肥水管理跟不上的，可让它冬季受霜冻死，第二年收麻。同时，个别生长不好的麻蔸可延迟破秆或不破秆，进行蓄蔸，使第二年全园生长一致。

（五）换蔸

少数麻区采取这个方法，做法是把茎秆挨地挽成一个结子，尽可能不折断麻秆，其目的是抑制地上部生长，改变养分输送的方向，促进地下部发育。冬栽和春栽的苎麻，如果管理精细、及时，可以在头麻收获时换蔸，二麻收获时破秆，收一季三麻。

（六）新植麻园幼苗打顶

为了解决新植麻园当年发芽小，分株少，生长慢，产量低的问题，湖北沔阳县农牧局在大面积上进行苎麻苗打顶，结果证明幼苗打顶，能促进地下部和地上部的生长，显著增加新植麻的当年产量，打顶时间以麻苗栽活后愈早愈好，麻苗留茬要低，在 5 cm 以内，带叶 2~3 片，主要起控制主茎生长，促进茎基部叶节上腋芽萌发，形成分株，从而增加了单位面积上的有效株数。打顶后要加强肥水管理，满足麻苗分株的快速生长需要。另外，打顶麻园在移栽时要适当深栽，使打顶后的分株多从土中长出。当基部出现分株高达 10~15 cm 时，结合中耕松土，进行培芽，以达到当年丰收、翌年高产的目的。

五、苎麻“三当”技术

苎麻“三当”（当年育苗、当年移栽、当年高产）综合栽培技术是以“选用良种，早育苗，早移栽，密植，增肥，快收”为核心的新植麻园生产综合配套技术。对当年新麻、一二龄麻都有增产作用，应用地区广，使苎麻当年育苗当年即获高产。

（一）合理选用良种

选用良种是夺取苎麻高产的基础，要因地制宜选用华苎 2 号、细叶绿、黑皮蔸、芦竹青等优良品种，实行一地一种，做到良种区域化种植。

（二）因地制宜选用适合的繁殖方法

为保持苎麻的种性，应尽量采用无性繁殖方法。各地可根据具体情况选用细切种根或嫩梢带叶水插、砂插、压条和脚苗、芽苗移栽等新的无性繁殖方法。需用种子繁殖的，也必须坚持不是良种不用，不是老麻园的苗种不用，不是成熟期收获的种子不用，不是预约定田块苗种的不用，以及混杂、来路不明的种子不用的“五不用”原则。

（三）地膜覆盖，早育早栽

根据各地气候，苎麻地膜覆盖育苗的播期，春季可提前到 2 月上旬至 3 月上旬。采用压条、脚苗和芽苗移栽的无性繁殖方法，年前整理好苗床。种子繁殖育苗的每亩用种 0.5~1 kg，掺 15~20 kg 草木灰拌匀后撒播，播后立即盖上稻草，厚度以既不见泥，又可通风为度。盖草后及时喷水，然后平铺地膜，压紧四周。待 50% 出苗时，揭去 1/3 的稻草，2 片真叶时再揭去 1/3 稻草，4 片真叶时揭去全部稻草，并扎稻草把支起地膜，6 片真叶时揭去地膜。苗床内安放一支温度计，膜内温度超过 36℃时要通风降温。揭膜后，应立即喷水。露地约 1 周后，即可起苗移栽。

（四）改革种植方式，合理密植

传统的种麻方式为稀植大蔸，穴栽，每亩 500 ~ 1000 株（无性繁殖苗）或 1500~3000 株（种子繁殖苗），当年收益甚微，“三当”栽培技术要求改传统的穴栽为宽窄行或等行种植，密度为 2500 ~ 3000 株（无性繁殖苗）或 7500~9000 株（种子繁殖苗）。

（五）健壮苗打顶，压秆僵弱苗

麻苗移栽成活后，对生长健壮的麻苗在 5~6 叶时进行打顶处理，留叶 2~4 片。地上部 4~5 cm 时，打掉上部生长点（嫩梢）。打顶后及时松土除草。当分枝长到 10~25 cm 时起土培蔸，培至分枝处 1~2 cm 以上。每亩施尿素 5~7.5 kg，氯化钾 5 kg 左右。对僵苗、弱苗、高脚苗采用压秆的办法，把麻苗顶端留在土外，7~10 天后打掉顶端生长点。蘖芽出土后要及时加强水肥管理。齐苗后要适当培蔸，促使根系生长及防止倒伏。

（六）加强田间管理，应用生长调节剂

苎麻苗移栽成活后，要立即查苗补苗、松土、追肥。每隔 8~10 天追施一次肥，每次追施尿素 1.25~1.5 kg。苗高 40 cm 左右，再中耕除草一次，做到田泡草净。每季麻株高 40 cm 左右时，7~10 天根外喷施一次 4000~5000 倍植物生长调节剂“802”，一般喷 2~3 次。选晴天下午喷施，一般增产 10% 以上。坚持抗旱防渍，搞好病虫害防治。

（七）适时早收头麻，做到麻收“四快”

5 月上旬移栽结束的麻，当年可收三季。收获的时间分别是 7 月中旬、9 月初、10 月底或 11 月初。在早育早栽的基础上，采用适当早收破秆麻的措施。这样当季既可收到一定的产量，同时还可促进下季麻的生长发育。一般当麻株黑秆 1/3 以上就开始收获。收获破秆麻要采用枝剪或镰刀从麻茎基部割断的方法，不能损失麻芽。收麻时要做到麻收“四快”，即快收麻、快砍秆、快中耕、快施肥，缩短收麻时间。二麻、三麻生长期间常遇干旱，要做好防旱抗旱工作。

（八）合理疏蔸，狠抓冬培新植

苎麻移栽密度大，容易满园。为了协调个体与群体的矛盾，保持次年有一个合理的群体结构，做到持续稳产高产，不致过早败蔸，要视栽植密度和发蔸状况在当年冬或翌年春，进行合理疏蔸，保持麻园的合理密度。狠抓新麻地的冬培工作，重点是施好冬肥，做到每亩施土杂肥 10000 kg 以上，并加水肥 1000~1500 kg，钾肥 25 kg 左右。

第二节　壮龄麻高产优质栽培技术

在正常墒情条件下，新栽麻2~3年后进入壮龄高产麻阶段。进入壮龄麻期后，随着麻龄的增长，麻蔸不断壮大，逐渐满园分布，造成分株过密，土壤板结，肥力下降，最终导致败蔸减产。因此，必须从壮龄麻起，按麻株生长特点和土壤环境条件的变化，进行培管，以达到持续高产稳产。

图 4-3　壮龄麻园

一、苎麻产量构成因素及与环境条件的相互关系

苎麻纤维产量由有效株数、茎高、茎粗、皮厚和出麻率5个因素构成。一般认为一季亩产50 kg以上原麻产量，其产量构成因素是：有效株数1.5万~2万株，茎高160~200 cm，茎粗0.8~1.0 cm，皮厚0.8~1.0 cm。但品种不同，产量构成因素又有所不同。

苎麻产量构成因素与气候条件、栽培措施等关系较大。一般在气候温暖、潮湿、多雨、光强弱、漫射光多的头季麻和山窝苎麻，麻苗生长慢，分株期和生长期长，分株多而高大，但麻皮薄，出麻率低；在高温多旱、光源强的二麻、三麻和平原地苎麻，出苗、生长快，分株期短，分株数少，生长期短，但麻株粗壮，麻皮厚，出麻率高。生产实践中常以厚培冬土，春季迟种来控制头麻幼苗早出土，缩短苗期，减少过多分株和晚期霜害；后期又以提早10天收获四周边蔸麻，增强麻园通风透光，加速纤维发育，提高麻皮厚度和出麻率，同时促使二麻、三麻苗期前移，处于较好肥水条件，提高分株力和麻株的快速生长，从而获得季季高产。可见，采取各种有效措施，改善外界环境条件，协调高产苎麻产量结构形成是可能的。

二、中耕除草

中耕除草是保持土壤疏松，抑制杂草滋生，控制麻蔸满园，协调高产结构，延长麻园寿命的重要措施。中耕除草，一为冬季深中耕和除草，即三麻收后，有相当长一个越冬期，进行一次深中耕除草，全面疏松土壤，清洁麻园，中耕深度 12~15 cm，以切断部分跑马根，防止麻蔸过早满园，一般在冰冻前进行。二麻为各季麻生长期的中耕除草，一般在苗期进行。在生长期进行中耕，切忌伤害根系，以免影响养分吸收。

在长江中下游地区，头麻苗期气温低，雨水多，麻苗生长慢，苗期长，应中耕除草 2~3 次。第一次在萌芽出土时进行，浅中耕破土。第二次在齐苗期进行，浅中耕深度为 3~6 cm，并扯掉蔸上杂草。第三次在封行前精除一次杂草。二麻、三麻期间气温高，幼苗生长快，苗期短，但易造成干旱，影响麻苗生长。因此，在二麻、三麻的苗期强调中耕除草以减少土壤水分蒸发，促进出苗快，出苗多。中耕时，幼龄麻宜深，老麻园宜浅，行中宜深，蔸边宜浅。采用化学除草剂来消灭麻园中多年生恶性杂草。

三、施肥

苎麻施足基肥很重要。苎麻冬季孕芽，盘芽，早春萌芽出土，都与麻蔸营养条件有密切关系。如果土壤营养条件好，麻蔸储存的养分多，则孕芽多，麻芽壮，出苗生长整齐，根系发达，有利于高产。冬季施基肥占全年施肥量的 50% 左右。人畜肥、土杂肥、塘泥、饼肥等有机肥料都是苎麻的好肥料，如果冬施基肥不足，可在次年早春补施。

在重施基肥的基础上，还要季季追肥，促进三季麻平衡增产。苎麻追肥，主要是追齐苗肥和长秆肥。齐苗肥应掌握弱蔸麻多施，壮蔸麻少施原则，促进苗齐苗壮，提高有效分株数。在苗高 60 cm 左右，进入旺长期时，应重施一次长秆肥，促进麻株快长。转行季别不同，麻株生长特点也不同，各季麻的追肥时期和次数也有所区别。头麻气温低，麻苗生长慢，苗期长，追肥次数可增加至 2~3 次，二麻、三麻气温高，幼苗生长快，苗期短，旺长期来得早，追肥就应提早，可结合前季麻收获后，一次施足。追肥必须以速效肥和半速效肥为主，才能发挥追肥的作用，如腐熟人畜粪、发酵饼肥和化肥等。一般每季每亩追施人粪尿 750~1000 kg 或猪粪水 1500~2000 kg 或饼肥 50 kg 左右，或氮肥 10~15 kg。施肥时，土杂肥、塘泥和绿肥秸秆等应结合中耕面施，人畜粪尿泼蔸淋施，化肥即可抢在雨前结合中耕撒施，也可进行穴施或条施。氮肥在土壤中移动性大，应浅施；钾肥移动性差，磷肥不易移动，宜深施。

叶面追肥简单易行，用肥量少，发挥肥效快，可及时满足麻株生长的需要，又可避免土壤固定和雨水流失。在苎麻旺长期，叶面喷施 0.2% 尿素，0.01% 硼和锰，均可增加株高和皮厚，提高纤维产量 8.3%~15%。四川推广“一二一”根外追肥法，即用 500 g 硝酸钾，1000 g 尿素，500 kg 水喷湿叶面，增产效果显著。

四、排灌技术

（一）苎麻需水特点

苎麻虽然是旱生作物，但由于根系庞大，茎叶繁茂，生长迅速，对水分要求较高。一亩苎麻一昼夜需消耗的水分达 40 m^3，但苎麻生理用水较少，主要消耗于土壤蒸发和麻株的蒸腾。水分消耗量大小取决于光辐射强度、气温高低和大气相对湿度。光辐射强，气温高，相对湿度小，水分消耗量就大，反之则小。苎麻不同生育期对水分的要求是不同的，前期和中期麻株需水多，特别是快速生长期，茎叶繁茂，蒸腾量大，对水分要求高，后期对水分要求较低，但土壤含水量低于 17% 时，则麻株缺水，导致纤维木质化和难以剥制，影响品质和产量。

（二）防旱、抗涝与排灌技术

我国各产麻区的头麻气温低，雨水多，水分不缺乏，但伏旱和秋旱易影响二麻、三麻生长，严重减产。各麻区群众在长期的生产实践中已积累了丰富的防旱经验，如提早收获头麻，及时中耕和旱前覆盖等，均能获得良好的效果。二麻引水灌溉和喷灌增产效果十分显著。当地下 12~15 cm 深处的土壤取出用手捏成团，一松即散时，就是缺水现象，是需要灌水抗旱的标志。如果上午 10~11 时，麻叶轻微萎蔫，也是急需灌水抗旱的标志。灌水时间宜在早晚土温低时进行，灌水次数视旱情而定，大旱时每隔 7~10 天一次，小旱隔半个月一次。喷灌要每隔一星期一次，每次湿土 10 cm 左右，沟灌以湿透耕作层为准，并随灌随排，防止渍死麻蔸。在水源缺乏时，挑水兑少量人畜粪泼蔸，也能促进出苗生长，获得较好效果。

麻园土壤含水量大于 28% 时，对苎麻生长不利。平原湖区麻园几年到十几年就发生败蔸，其原因也与排水不良有关。因此，平地栽麻必须深沟高畦，湖区栽麻还必须深挖排水渠，丘陵山区栽麻也要做好围山沟。此外，经常保持厢面平整，雨季清沟，使之排水通畅。

第三节　苎麻冬培及间套作技术

一、苎麻冬季培土

（一）苎麻冬培的意义

冬培的意义主要在于保温抗寒、改良土壤和增强麻蔸活力。保温抗寒的意义是通过给麻蔸覆土后，麻蔸上面的土层加厚了，就可以避免冷空气或冰冻与麻蔸的直接接触。众所周知，冬季寒冷，但地温并不很低。这就是因为土壤的隔热性能较好。只要麻蔸上面覆盖的土层达到一定厚度，麻蔸就不会受冻，而且还可以保持处于较高温度的环境中。由于麻蔸在冬季仍处在较高地温的环境中，除能安全越冬外，其体内代谢活动仍在缓慢运行，为孕芽、盘芽源源不断地提供能源和物质。因此，一旦春暖花开，冬季孕育的幼芽便迅速出土生长。如不培土，麻蔸处于低温环境越冬，只有当气温升高时，芽原基才萌发，因而表现出幼苗出土慢而且不一致。这就是冬季培土可以增强麻蔸活力的一个重要表现。冬季培土能改良土壤。一方面因为麻蔸附近增加了外来土壤，可以加深耕作层厚度，外来土壤补充了因苎麻生长所消耗的某些成分，使土粒结构发生改变；另一方面由于盖土保温，重施基肥，增强了区系内微生物的活动，为土壤对下一年度苎麻生长供肥提供了保障。

（二）冬培的生理基础

苎麻无休眠期，当前季麻纤维发育接近成熟时，地下茎早已开始孕芽、盘芽，幼苗陆续出土，因此苎麻在热带地区一年四季都是生长季节。在亚热带地区，一年只能收麻 2~3 次，入冬以后到翌年 2~3 月期间，由于气候寒冷，地上部枯萎，地下部为了适应低温条件，发生一系列生理变化，呼吸减弱，细胞内可塑性物质增加，原生质黏度增大，处于类似休眠，或者进行缓慢的孕芽、盘芽等生理活动。特别是麻蔸向上生长的龙头根和因水土流失露出地面的根蔸，容易遭受突然的冰冻造成组织破坏致死，形成弱蔸缺蔸，影响下年产量和麻园寿命。据观察，在冬季冰冻期，耕层 5~15 cm 深处地温达 −2℃时，麻蔸将受冻害。因此，采取有效措施进行冬培，保持一定地温，使麻蔸安全越冬，是非常必要的。

（三）冬培技术

苎麻冬培包括深中耕、重施腊肥、培土三个内容。

1. 深中耕

深中耕是冬培措施的第一步，主要作用是创造疏松、深厚、无杂草、少病虫的土壤条件。时间一般在三麻收后的 11 月下旬，霜后雪前进行。麻区农民有“深挖莫过冬至节”经验，认为麻蔸在冬季不断长根盘芽，早挖早养好，挖迟了恢复慢，影响产量。

深中耕的深度应根据具体情况灵活掌握，一般为 10~30 cm。深根型品种要深，浅根型品种要浅；稀植的深，密植的浅；黏土要深，砂土要浅；行间深，蔸边浅。

深中耕最好用二齿和四齿耙头，这样不易挖伤麻蔸。但在已满园的老麻地里，结合深中耕挖去一部分跑马根和老根既疏松了土壤，还会促进老麻更新复壮，延长麻龄，提高产量。

2. 重施腊肥

冬施腊施，是保证三季麻丰收的最关键的措施，素有“春肥保一季，冬肥保一年”“冬季胎里富、冬肥保全年”的民间谚语。

苎麻地上部在冬季停止活动，但地下部继续活动，使用迟效农家肥料，由于不断分解产生的热能增加微生物活动，有利于孕芽壮芽，出壮苗。使用少量速效性肥料，有利于根的吸收和贮蓄；苎麻一年收获三次，养分消耗大，迟效性肥料分解慢，可以源源不断地供应三季麻的需要，防止肥料脱节；使用农家肥，改良土壤，加强蓄水、渗水性，有利于苎麻的生长。

冬肥一般在霜后雪前施，以堆肥、厩肥、塘泥、火土灰、湖草等为主，配合一定数量的速效氮肥和磷肥混合施。一般亩施土杂肥 200 担（1 担约 50 kg）以上，或牛栏粪 60~80 担，或饼肥 50 kg，并加施水粪 20~30 担和磷肥 20~25 kg。施肥方法是穴施或条施。

3. 培土

培土一般在霜后雪前结合冬季施肥一起进行。培土厚度为 3.3 cm 左右，培得太薄，麻蔸易受冻，太厚则第二年头麻出苗迟，生长不整齐。砂土、老麻、分株力强的品种厚培，黏土、新麻、分株力弱的薄培。培土要用肥土，以塘泥、阴沟泥、屋基土、老山土为好。

同时注意土壤的改良，比如砂性重的麻地培潮泥、塘泥，黏性重的麻地培砂性土。培土要做到肥、碎、平、匀，疏通排水沟，以免麻地渍水，引起烂蔸，并做好清沟淤边工作以减少边麻。

冬培时间，一般应在霜后进行。长江中下游麻区有“立冬早，冬至迟，小雪培管正当时”的说法，秦、淮麻区以 11 月上旬为宜；华南麻区以 12 月底、1 月上旬为宜，过早培蔸会促使无效生长，消耗养分，影响翌年产量，过迟培育则使麻蔸易遭受冻害，不能起到冬培的作用。

二、苎麻间套作技术

为提高麻园施肥水平，用地和养地要结合，利用麻田冬季间种绿肥，是提高麻地土壤肥力的有效措施。

1. 绿肥作物

据中国农业科学院麻类研究所调查研究结果，蚕豆、苜蓿、紫云英和满园花等，都是适宜苎麻冬季间种的绿肥品种。蚕豆可产鲜茎 15~22 t/hm^2，其他绿肥也可产鲜茎 8~15 t/hm^2。麻田间种绿肥后对头麻苗期生长还具有抑制杂草生长、保暖防冻的作用。压青后能增肥改土，提高土壤肥力和纤维产量。

2. 种植时间

紫云英一般应在 10 月上旬、三麻收获前 15 天内播种；蚕豆、苜蓿、满园花可延迟到 10 月中下旬、三麻收获前后播种。这样则能在绿肥出苗时收麻，或收麻后很快出苗，不致影响绿肥出苗生长。若播种过迟，则因缩短绿肥生长期，鲜草产量不高。

3. 间种方式

一般采用点播或条播。直立丛生型绿肥采用每四蔸麻中点播一蔸绿肥，半匍匐状绿肥采用行间条播。这样有利于进行冬培中耕、施肥和覆土盖蔸。

4. 压青时间

以 3 月底至 4 月初绿肥盛花期和麻苗长到 50 cm 时进行，对绿肥产量和苎麻生长极为有利。压青过迟，虽能增加鲜草产量，但影响苎麻有效分株及春培的及时进行，导致头麻产量降低。压青方式以结合春培在行间深耕翻埋，有利于保肥。此外，也可利用冬季麻园间种蔬菜，由于蔬菜培管精细，施肥较多，生长期短，有利于改善苎麻土壤环境条件，提高苎麻产量。

主要参考文献

[1] 熊和平. 麻类作物高产优质栽培技术 [M]. 北京：中国农业科技出版社，2001.

[2] 陈其本，余立惠，杨明. 大麻栽培利用及发展对策 [M]. 成都：电子科技大学出版社，1993.

[3] 李宗道. 苎麻高产栽培技术 [M]. 长沙：湖南科学技术出版社，1982.

[4] 中国农业科学院麻类研究所. 中国麻类作物栽培学 [M]. 北京：农业出版社，1993.

[5] 李宗道. 麻作的理论与技术 [M]. 上海：上海科学技术出版社，1980.

5 第五章 红麻、黄麻高产优质栽培技术

第一节　红麻高产优质栽培技术

我国栽培红麻的区域非常广阔，南起海南岛，北至黑龙江，除青海、西藏外，在北纬47° 以南各省（区）都有种植。各地在高产栽培技术上已形成模式化栽培，现综合整理如下：

一、播前准备与苗期田间管理

（一）深翻耕、细整地

深栽细整有利于创造疏松、深厚的耕作层，促进根系发育，增强红麻抗风抗倒伏能力。各地的深翻经验是，北方麻区春旱严重，保墒十分重要，采取秋季深翻，耕深 20~25 cm，耕后冬灌，无灌水条件的农田，秋翻后要立即耙耱保墒。秋耕宜早宜深，早春解冻后耘耙整地。春季土壤细整细耙有利于苗全苗壮，早生快发。

南方麻区一年多熟，春雨较多，不能秋耕。一般春耕时都抢晴翻耕，深度 16~20 cm，耕后及时修好排水系统。湖南、广西麻区采用春深耕细整地，做深沟高畦，畦面要土细平整，以利于排水保苗，减少病害。浙江麻区复种指数高，套种结构多种多样，多数采用麦麻套种或麦麻绿肥套种。凡套种绿

肥的麻田，春耕之前，在绿肥地上喷施农药，消灭金龟子和地老虎等地下害虫。

图 5-1　红麻麻田

（二）轮作与套种

红麻套种、间作是挖掘土壤潜力，提高复种指数，增加单位面积上的粮、麻产量的有效途径，其经济效益比较显著。我国南方麻区，根据当地的自然条件，耕作特点和作物生长发育规律，不断改革排作制度，因地制宜地创造出一套红麻间、套种方式。

1. 冬作物套种红麻

浙江省是长江流域一年多熟制的麻区，红麻多数套种在冬季作物行间。其套种方式有两大类别。第一种方式是红麻前作畦中绿肥，沟边小麦。第二种方式是红麻前作为满畦小麦或油菜，主要分布在黏土麻区，肥力水平较高，红麻苗期迟发，但后劲很足，所以产量较高。

2. 稻、麻、油一年三熟

南方地区，日照强、气温高、太阳辐射能高，无霜期长，在以水稻为主的粮食区采用稻、麻、油一年三熟制。

（1）红麻—晚稻—油菜（或绿肥）：红麻在春分播种，8 月初收获，立秋边抢收边插晚稻，冬季种油菜或绿肥。

（2）早稻—红麻—绿肥：早稻采用早熟品种于 3 月初插秧，6 月初收获，6 月中旬播红麻，11 月中旬收获，再间种绿肥。若夏红麻采用育苗移栽，其纤维产量会更高。移栽方式是立夏播种麻苗，早稻收获时，苗高20~30 cm 即行移栽。

3. 玉米套种红麻

采用生育期短的早熟玉米品种，选用前期生长较慢，中后期生长较快的晚熟红麻品种，错开播种期来协调共生期间的群体与个体生长之矛盾。

二、适时早播争全苗

适时早播是红麻夺取高产的措施之一。早播不仅延长了红麻生育期，使麻株的营养物质积累的时间延长，以充分利用光能，使株高秆壮。更重要的是早播促进红麻早节位纤维的形成与发育，从而提高了麻株的纤维含量，获得高产。

（一）确定适宜播种期

红麻种子在适宜温度下发芽较快而整齐。播种过早，气温低，昼夜温差大，影响种子发芽和出苗，甚至出现烂种，即使出苗也会因晚霜或低温侵袭而死苗；播种过迟，虽然出苗快，但有效生育期短，早节位的纤维积累比例少，致使麻株茎嫩皮薄，纤维含量低。至于每一地区确定适宜播种期时，应结合当地的气候、温度变化而确定。从历年经验来看，华南麻区早春气温高，断霜早，一般春分至清明播种为宜；长江中下游地区的安全播种期，前作为绿肥的，以 4 月中下旬播种为宜，前作为蚕豆、油菜、大小麦等迟熟作物，宜采用套种或育苗移栽办法，变迟麻为早麻；华北地区的经验是“霜前播种，断霜出苗”，即在 4 月中旬始播，4 月下旬或 5 月初播完；东北辽宁地区以 4 月 25 日至 5 月 5 日为适宜播种期。

播种时为实现一播全苗，在种子发芽率达 80% 左右时，每亩播种量为 1.5~2.0 kg，种子若生活力强，发芽率高，质量好，播种量可适当减少，但不宜低于 1.25 kg。

（二）播种方法

我国传统的播种方法为人工开沟，手工撒籽，这种古法费工费时。为缩短播种时间，保证播种质量，达到出苗快，出苗齐，出苗匀的要求，目前正推广通用播种机播种，不但缩短播期，工效提高，而且播种质量好，落籽均匀，深浅一致。南方麻区的砂壤土麻地，使用滚筒形式的简易播种器播种，也获得较好的效果。红麻播种深度，南方春雨多，以 2 cm 左右为宜，北方常常春旱，播种略深些。

三、促苗早发

狠抓红麻苗期管理，促苗早发旺长是夺取高产的重要环节。苗期管理的重点是抓全苗，培育壮苗。

（一）抓全苗

全苗是高产的基础，红麻播种后 5~7 天即可出苗。但常受人为或自然环境因素的影响，往往难全苗，出现缺苗断垄现象，必须针对缺苗原因，抓住主要矛盾，采取有效措施，保证一播全苗。

（二）培育壮苗

红麻种子发芽出土后，一个月左右时间是蹲苗发根阶段，麻苗生长很慢，加强苗期田间管理，有利于根系发育，促苗早发快长，主要措施是：

1. 早间苗定苗

早间苗、匀留苗，适时定苗是培育壮苗的一环。间苗要早，间苗迟了易造成苗挤苗，势必形成大量弱苗，难以育成壮苗。壮苗的标准应该是：出苗一个月内，株高 30 cm 左右，有叶 8 片，根系发达，茎秆健壮。在早间苗的基础上，早定苗可使麻苗单株营养面积早扩大，麻苗早发，根系早盘根，早壮根。定苗时要等高为主，等距为辅，借地留苗，去密留稀，去弱留壮，去大小留中间，达到留匀留足的要求，从而能在大面积上实现全苗壮苗，降低笨麻率。

2. 早中耕除草

苗期早中耕，勤中耕能除尽杂草，改善土壤通气性，促根壮发。尤其南方地区，春季低温多雨季节，勤中耕松土能增加土壤通透性，提高土温，降低土壤湿度，防止病虫蔓延。一般苗期中耕 3~4 次，中耕的原则是：头遍浅、二遍深，三四遍草根。第一次中耕在间苗后进行，第二次中耕在定苗后进行，第三次中耕在株高 30 cm 左右实行深中耕以利于保水、保肥和防倒，麻苗封行前还可以进行一次最后中耕。在播种后发芽前，喷施化学除草剂扑草净，可使麻地减少中耕次数而减轻杂草为害。在旺长初期追肥时中耕一次，即能达到较好的效果。

3. 排水防渍

红麻苗期耐渍性较弱，对水分反应十分敏感，幼苗受渍，土壤缺根系呼吸受阻发育慢，养分吸收能力较弱，麻苗发红生长不良。所以在高湿的南方地区，应注意防水排渍。

此外，追施苗肥也是培育壮苗、促苗早发的一个重要因素。

四、合理密植，构建红麻高产群体结构

合理密植问题即红麻高产群体结构问题，它是高产栽培研究的重要内容。红麻群体与个体的矛盾，表现在群体生产力与个体生产力的关系上（即有效麻多与单株生产力高的关系）。合理的群体，必须在提高单位面积有效株数的同时，保持较高的个体生产力。

红麻栽培的适宜密度范围，受土壤肥力、管理水平，以及使用品种不同而有差异。从各地高产经验说明，当前在施肥水平不断提高，管理日益精细的情况下，定苗密度以每亩 1.8 万 ~2.0 万株为宜。部分地区采用窄行麦麻套种方式的每亩定苗以 1.6 万 ~1.8 万株为好。

五、红麻高产田的施肥技术

近年来，我国红麻产区在施肥技术上提出“施足基肥、酌施种肥、轻施苗肥、重施长秆肥、巧施赶梢肥”的施肥方法：

1. 施足基肥

基肥一般以绿肥、堆肥、饼肥、人粪尿等有机肥为主。北方麻区多在播种前亩施土粪 4000~5000 kg，并配施过磷酸钙 15~25 kg 和 10 kg 氧化钾，

南方麻区播种前每亩翻压绿肥 1000 kg 或土杂肥 4000~5000 kg，播种后每亩再用 150 kg 左右草木灰盖种。

2. 酌施种肥

播种时施少量种肥，对促进幼苗生长有良好作用。尤以土壤较瘦的地块，或施用基肥较少的麻地，种肥以速效性氮肥为主，一般每亩用 2~2.5 kg 尿素。种肥用量不宜过多，要注意切忌与湿种混拌，以免引起烧种，影响出苗。

3. 轻施苗肥

苗肥要轻施、勤施。南方麻区苗肥一般施两次。第一次施提苗肥，在第一次间苗后结合中耕施用，每亩用尿素 2.5 kg，或兑稀薄人粪尿或猪粪水泼施；第二次施壮苗肥，在定苗时苗高 10 cm 左右，抢晴天施下，每亩施尿素 3.5~4 kg 或兑水或兑人粪尿水浇施。

4. 重施长秆肥

长秆肥（又称旺长肥）是主攻单株生产力，增加有效株数，夺取高产的关键。北方麻区一般在 6 月中下旬，苗高 50 cm 左右时，追施一次长秆肥。长江流域与华南麻区，夏季雷雨较多，1 次不宜用量过多，一般分 2 次施用。第一次在 6 月上旬，麻苗封行后即将起发，麻苗约 40 cm 高时施下，每亩用尿素 3.5~4 kg，加饼肥 25~30 kg；第二次在 7 月上旬，株高 100~120 cm 时，每亩再施尿素 5~6 kg。

5. 巧施赶梢肥

赶梢肥要“看天、看地、看麻”巧施。在长江流域麻区，一般 7 月底或 8 月初施下，每亩用尿素 2.5~4 kg，氯化钾 7.5~10 kg，草木灰 100~150 kg。这样以促进红麻稳长稳发，增强抗风抗倒能力，有利于茎秆与纤维发育。

六、高产红麻的灌溉技术

红麻发芽出苗期对土壤表层水分状况要求严格，以 0~20 cm 土壤含水量达20%左右，种子发芽出苗快，生长整齐，若表土0~20 cm水分低于18%（黏土），种子容易落干出苗不齐。

麻株进入旺长期，生长速度加快，土壤缺水阻碍麻株正常生长。及时灌水是保证红麻正常生理代谢、促进生长的重要措施。灌水有沟灌与喷灌两种，沟灌一般在傍晚进行，逐畦逐沟灌水，把水灌匀灌透，以不淹畦面，又能使麻地有足够的水分为准。根据旱情可每7~8天灌水一次。喷灌每次灌溉以湿润表土3 cm为宜，每隔7天左右喷灌一次。

七、病虫害防治

红麻主要病害包括红麻炭疽病、红麻立枯病、红麻茎枯病、红麻灰霉病等，主要虫害包括小地老虎、玉米螟、小造桥虫、斜纹夜蛾、麻跳岬、绿草盲蝽、蚜虫、红蜘蛛等。对病虫害的防治应本着预防为主，综合防治的方针进行，具体参见第七章麻类作物病虫害防治技术。

八、红麻的收获

红麻适时收获是保障纤维品质好、实现丰产丰收的最后一关。据各地经验证明，推行适时收获，精收细剥，分级沤洗等措施，是实现丰产丰收的重要一环。红麻收获过早，纤维发育不充分，皮薄，产量低；过迟收获，纤维木质化程度增大，品质差。所谓适时收获，就是从收获期上正确处理纤维产量与品质的关系。红麻的工艺成熟期应该是麻株上部出现披针叶，大部开花并结有少量蒴果的时期。因目前生产上采用的晚熟南种北植品种，这类品种在大部分地区种植，收麻时达不到工艺成熟标准，应该根据各地种植面积、水源条件和劳力情况及气候因素等，选择确定适宜收获期。长江流域麻区的浙江、湖南等省麻田面积比较集中，劳力、水源条件较好，可适当推迟收获，以获得较高的产量。收获时要齐地砍麻，不留麻桩，大小麻分捆，分别沤洗，做到以高产求发展，以优质争效益。

第二节　黄麻高产优质栽培技术

一、麻田的建设与整地

（一）麻田建设

黄麻属高秆作物，生育期长，产量高，需肥、水多。因此，搞好麻田建设，提高土壤肥力是黄麻高产栽培的基础。黄麻对土壤的要求是，疏松肥沃，结构良好，耕作层达 24 cm 左右，有机质含量达 1.2%~8.3%，速效磷达 100 mg/kg，速效钾达 50 mg/kg 以上，排灌方便，旱涝保收，黄麻播后 100 天内土壤水分能控制在 20%~25%，土地平整，土面平坦，宜于稻麻轮作。

（二）麻田整地

整地是为黄麻出苗早发、根系发育创造深厚、肥沃、疏松的土壤环境，要求是深、平、细、匀、伏。

深：为使黄麻扎根深，根系发达，必须深耕。对翻埋绿肥或厩肥作基肥的麻田，更需结合施肥适当深耕。深耕后于播种前还须浅耕多耙，达到土肥相融。在稻田上种麻的，因土质黏重，冬耕时要多次深翻晒田，加速土壤风化，以利于黄麻生长。

平：就是要使畦面平整，中间略高，防止积水，以减轻苗期病害，减少死苗和僵苗。

细：即耙细土块。对土壤黏重的麻田，要多犁多耙，达到土粒粗细适宜，使种子与土壤接触紧密，利于吸水萌发。

匀：翻耕深浅一致，土肥混合均匀，利于黄麻群体生长整齐，提高有效株数。

伏：土壤疏松伏贴，可以达到蓄水、调肥、通气、增温目的。麻区农民常在麻田翻耕后，土壤干湿适宜的条件下对麻田进行镇压，使土壤疏松伏贴，以利于幼苗的扎根及麻株根系对水肥的吸收。

二、播种、育苗、移栽

（一）播种期的确定

黄麻种植地域范围较广，南北的气温、日照相差悬殊。因此，须根据不同地区和不同的栽培品种来确定本地区的播种期。实践证明，当气温稳定在15℃以上，日照不短于12.5小时即可播种。在华南麻区以清明前后为宜。长江中下游麻区宜在谷雨后立夏前播种为宜。

（二）提高播种质量

（1）精选和处理种子：种子要进行风选，除去嫩籽、秕籽，粒粒饱满能提高种子的发芽率和发芽势，达到出苗整齐健壮。播种前晒种3~4天，也能提高发芽率。播前以0.5%的退菌特拌种后，密封15天左右，能减轻苗期病害。

（2）适量播种：在正常条件下，圆果种黄麻的播种量为每亩0.75 kg左右，与春粮套种的麻区，应适当增加到1~1.5 kg为宜，长果种黄麻籽粒小，播种量应适当减少。

（3）施用种肥：合理施用种肥是培育壮苗的重要措施，近年来浙江麻区从单纯以草木灰盖种，发展到带氮带磷下种。

（4）精细播种：播沟要浅，深度一致，播种要均匀，防止断垄漏播。播后覆土要薄，均匀一致，并作轻度镇压，使种子与土壤紧密接触，促进快齐出苗。

（三）育苗移栽

育苗移栽是在相应的耕作制度下解决前后作物矛盾，达到黄麻适期播种的重要措施。

1. 育苗

选择土质好、通风透光、排灌方便的苗床地，施足基肥，一般每亩以1000~1500 kg人粪尿淡浇“毛板”（翻耕后尚未耙平的地），耙平整细后播种。播种期可以比大田略早几天。播后清沟排水，防止厢面积水。出苗后及时防病治虫，间苗除草，薄施追肥。苗高3.5 cm左右时每亩施氮肥3~5 kg，以后再看苗情酌施。

2. 移栽

大田作物收获后，待麻苗高 15~18 cm 时移栽。移栽选择阴雨天进行。拔苗时如苗床土壤干燥，需灌跑马水，以减少拔苗断根。选壮苗并把大、小苗分别移栽。麻苗移栽定苗，不宜深于子叶节。移栽后灌水扶苗和杀草灭虫，灌水深度以苗高 1/3 为宜，灌水 2 天后应排净积水，以后保持土壤湿润。

3. 管理

移栽成活后要及时追肥，一般在移栽后 7 天左右，施速效氮肥，10 天左右进行松土，15 天左右结合培土施重肥促麻苗旺长。

（四）黄麻的早播早花和预防措施

早花是黄麻生产中经常遇到的问题，日照长度是引起黄麻早花的主导因子，此外还与品种、气温、水分、营养状况有关。预防早花的措施主要有：根据品种特性选用对光照不敏感的品种，如广丰长果、粤圆 5 号等，根据当年的气候条件，适期播种。此外还要施足基肥，勤施苗肥，改善麻苗的营养条件。当出现早花时，要及时拔除早花麻株，追施速效氮肥，促进麻株的营养生长。在麻苗不足的情况下，不拔除早花的麻株，而是进行打顶追肥，促进早花麻株侧枝的生长。这样，可相应地降低早花对黄麻产量的影响。

三、间苗、定苗与中耕、除草

1. 间苗、定苗

间苗定苗是壮苗早发，控制笨麻发生的重要环节。黄麻一般在现真叶后及时间苗，使苗间有一定距离，苗高 6~7 cm 时除劣苗、小苗，苗高 10~15 cm 时定苗。按密植规格注意株间距离，力求均匀，确保匀株密植。

2. 中耕、除草

要及时间苗除草，在有条件的麻区，结合化学除草，采用地膜覆盖，可大大减少麻田杂草数量，节省除草用工。床田中耕除草，一般进行 3~4 次。中耕的深度则视土壤情况而定，黏性土宜深，轻砂土宜浅。第 1~2 次中耕宜浅，以 3 cm 左右为宜，以后中耕可深到 6~10 cm。最后一次中耕，可结合培土防倒。

四、合理密植

黄麻对光能的利用是黄麻纤维产量的生理基础，合理密植的主要目的就在于充分利用光能。

实践证明，圆果种黄麻亩产 500 kg 的群体结构出苗数 20 万以上，第一次间苗每亩留苗 8 万 ~10 万，第二次间苗留苗 2.2 万 ~2.5 万，封行前定苗 2.0 万，收获时每亩有效麻株 1.5 万 ~1.6 万，笨麻率控制在 20%~25%，有效麻株高 380~400 cm，单株纤维重 14~15 g。长果种黄麻与圆果种黄麻相比，麻茎上、下粗细均匀，定苗密度稍大，一般每亩定苗 2.0 万 ~2.5 万株，收获时有效麻株 1.6 万 ~1.8 万株为宜。

五、施肥

施肥是黄麻栽培技术中重要措施之一。黄麻不同生长发育阶段对氮、磷、钾三要素有不同的要求，需肥量也不相同。因此，黄麻施肥的原则是：数量上要足，肥料三要素必须配合施用，方法上采用“前促、中轰、后控”，以促为主，促控结合。

（1）施足基肥：基肥是苗期早发的前提，也是黄麻全生育期的营养基础。因此，基肥必须施足，包括种肥在内应占全年总施肥量的 50% 左右。

（2）勤施薄施苗肥：首先要施好“黄芽肥”，即当黄麻出苗 80%，子叶黄绿色时，每亩以稀薄人粪尿 250~400 kg 兑水泼浇，或以 2~2.5 kg 尿素撒施，以利于培育壮苗，减少死苗。早施“提苗肥”，对套种在春粮里的麻苗更为重要，一般是在苗高 3~5 cm 时，松土后每亩用氮素化肥 5 kg 左右兑水浇施。以后结合间苗、定苗，每苗施“平衡肥”尿素 4 kg 左右，为旺长打好基础。

（3）重施旺长肥：麻苗高 50~70 cm 时进入旺长期，需肥量迅速增加，是黄麻对氮、磷、钾吸收量最大时期，故肥料要早施、重施。遇旱时，施肥必须结合灌水，以水调肥，充分发挥肥料的作用。

（4）巧施赶梢肥：黄麻进入纤维积累盛期，既需要有旺盛的长势，又要稳长不贪青，保持较高的碳素同化能力，故应视黄麻群体的长相决定施肥措施。长势旺盛的不再施肥，长势差、早衰的可酌情施“赶梢肥”，但不宜太多，每亩施硫酸铵 5 kg 左右。

六、排灌技术

水是黄麻生命活动的介质，光合作用的原料。同时，水又是组成麻株的主要成分，其含量占麻株总量的 70%~91%。因此，掌握黄麻的需水特性，科学用水，合理排灌是夺取黄麻高产、稳产的关键之一。

黄麻播种后，如遇久晴不雨，土壤含水量降到 20% 以下时，可灌跑马水，使种子发芽出苗，特别是当播种后，如遇低温干旱，更要及时灌水保芽，确保安全出苗。苗期遇旱，要根据旱情、苗情适量灌水。灌水时必须做到随灌随排，防止渍水，影响麻苗生长。黄麻转入旺长期后，需肥需水量多，要根据土壤肥力、麻株的长相及时灌溉。但灌水必须合理，既要节约用水，降低成本，又要发挥灌水的最大作用。灌水的方式，以沟灌为好，如果采取大水漫灌，容易引起土壤板结和麻株倒伏。在有条件的地方除发展喷灌外，还可将地面灌溉逐步改为管道灌溉。灌溉时间一般以早晚为宜，避免在烈日的中午灌水，以免因土温急剧变化引起麻株发生不正常的落叶现象，影响光合作用的进行。旺长期在持续干旱条件下，每隔 7~10 天灌水一次，长江流域麻区，一般 7 月灌水 3~4 次，8 月灌水 1~2 次。生长后期，要根据耕作制度、品种特性和麻株长相及时断水，促进麻株落黄和纤维成熟。

黄麻的一生中有三个时期特别需要加强排水工作：一是播种后，长期低温阴雨，土壤水分过多，种子因缺乏空气不能发芽，甚至造成烂种。二是苗期常因多雨易烂根，并利于立枯病、炭疽病等苗病的蔓延，造成大量死苗，引起缺株断行，严重时并须翻耕重播。还有进入旺长期前，要严格控制水分，既可促进根系往下深扎，起到蹲苗的作用，又可控氮促碳，有利于纤维的形成和积累。三是老落期，是纤维发育最盛时期，需要干燥的环境，控水控肥，促进落黄，有利于纤维发育。深沟、高畦、畦面呈龟背形，畦宽合适并及时清沟是保证排水的基本措施。

七、病虫害防治

黄麻主要病虫害包括黄麻苗枯病、黄麻炭疽病、黄麻黑点炭疽病、黄麻细菌斑点病、黄麻根线虫病、黄麻青枯病、地老虎、玉米螟、大造桥虫、斜纹夜蛾、红蜘蛛、蜗牛等，具体症状详见第七章麻类作物病虫害防治技术。

八、黄麻纤维的收获

麻株进入现蕾期后，主茎不再伸长，但纤维仍在继续分化、发育，纤维素继续积累，而且速度较快。收获过早，不仅纤维产量低，而且纤维成熟度差，强力小；收获过迟，虽然纤维产量高，强力大，但木质化程度高，质地粗硬，色泽差。且因沤麻期间由于水温已降低，影响沤麻质量。

适宜的收获期，要根据黄麻品种的熟期及耕作制度而定。一般长果种黄麻在“花多果少”、圆果种黄麻在“盛花初果”期间收获，产量较高，品质较好。浙江省萧山麻区的实践经验是，长果种黄麻于 9 月 15~25 日、圆果种黄麻于 9 月底至 10 月上旬收获为宜，收获适期的天数，长果种黄麻为 10~15 天，圆果种黄麻达 15~20 天。这样既能充分发挥黄麻的增产作用，又可保证后作绿肥和小麦的播种季节，有利于提高黄麻及其后作物的产量。

九、留种

大面积栽培时应设留种田。采种适期：圆果种黄麻植株中部果实的果皮变黄色，种子棕色；长果种果实的果皮变枯黄色，种子墨绿色。长果种黄麻种子不宜收获过早，否则种子发芽率极低。采种的方法一般是用刀在分杈处砍下，晒 1 天后用链枷脱粒或者连枝剪下蒴果，悬挂通风处，来年播种前再脱粒。

近年来，广东、广西、福建等省（自治区）推广插梢留种的方法，受到广大麻农的欢迎。黄麻插梢留种的优点很多，除了种子产量高，麻皮损失少之外，还有选优去劣，除杂提纯的作用。进行割梢取苗时，可在麻田选择植株高大、长势旺盛、无病虫害、具有品种典型性状的植株，割取梢苗插植，这样获得的种子比较纯，性状比较一致，特别对品种混杂比较严重的地区增产显著。另外，由于插梢留种，株矮抗风力强，种子的产量稳定，还有利于后作安排。

插梢留种的具体做法介绍于下：

1. 剪梢苗

立秋前后几天，黄麻梢部开花前，黄麻梢部的纤维已经形成，插后容易生根成活。剪去顶部嫩梢 6.5~10 cm，然后往下剪取 19.8~23 cm 一段作为插梢材料。剪梢应在阴天进行，随剪随插。

2. 假植

深度 3.3 cm 左右，苗田保持薄层浅水，假植 12~15 天后定植。

3. 定植

一般选择排灌方便、比较肥沃之处，麻梢连根带土移植，埋过根部 1.65 cm。一般每亩插植 3500~4000 株。定植后灌水定根。侧枝开始生长时中耕除草，追施速效氮肥，到盛花期追重肥。

4. 采种

一般定植后 80~90 天即可采收种子，比原株留种的采种迟 30~40 天。

主要参考文献

[1] 熊和平. 麻类作物高产优质栽培技术 [M]. 北京：中国农业科技出版社，2001.

[2] 中国农业科学院麻类研究所. 中国麻类作物栽培学 [M]. 北京：农业出版社，1993.

[3] 李宗道. 麻作的理论与技术 [M]. 上海：上海科学技术出版社，1980.

6

第六章 亚麻、汉麻高产优质栽培技术

第一节　亚麻高产优质栽培技术

一、亚麻栽培学基础

亚麻的产量和品质是遵循一定的气候、土壤等自然条件和其自身生长发育（包括纤维发育）规律，再通过人们的栽培技术措施所形成的综合表现结果。

亚麻栽培的任务就是要在认识和掌握自然规律和亚麻生长发育规律的基础上，制定出合理的农业技术措施，保证亚麻正常的生长和发育，促进亚麻高产优质。

单位面积的原茎产量是由单位面积收获时的有效麻株数（以下简称株数）与单株生产力所构成的。构成单株生产力的主要因素又是株高和茎粗。株高与产量的关系最为密切，因为它是构成单株（个体）产量的决定性因素；而成麻株数也是构成单位面积（群体）产量的重要因素。因此，亚麻栽培的主攻方向应该是在保证单位面积上有足够成麻株数的基础上促进株高的增长，从而获得原茎的高产。

二、亚麻栽培技术

（一）耕作制度和轮作

因地制宜地实行合理的轮作，是获得亚麻高产的有效措施之一，可以减轻病虫害和杂草的危害，调节土壤养分，是保证亚麻全苗和生长发育良好的一项重要措施。生产实践证明，把亚麻生产纳入合理的轮作制中，不仅亚麻能连续获得稳产高产，而且由于亚麻根系较浅，只能吸收土壤中上层养分，残剩养分有利于后茬作物的生长。

前作不同，影响亚麻的生长发育和产量。一年两熟产区，水稻、烤烟和豆科作物都是亚麻的良好前作。

我国亚麻的轮作方式，各个产区不一致，主要取决于当地适宜种植的作物及其比例，耕作管理水平和病虫害危害情况等。随着农业生产的发展，轮作方式也在不断变化。如黑龙江夏种亚麻一年一熟产区的轮作方式有：玉米—亚麻—大豆—高粱或谷子；大豆—亚麻—玉米—高粱—谷子；玉米间作大豆—亚麻—小麦—玉米；小麦—亚麻—大豆—玉米。如云南省亚麻一年两熟种植的轮作方式有水稻—亚麻—水稻—油菜（小麦、蚕豆）、玉米—亚麻—玉米—油菜（小麦、蚕豆）等；一年三熟的轮作方式有水稻—再生稻—亚麻—水稻—再生稻—冬马铃薯等。

（二）品种选择

选用优良品种是亚麻优质高产的内在因素，是亚麻产业健康有序发展的关键所在。因此，选择品种既要考虑该品种的特性，也要考虑当地的自然条件和生产水平。

（三）选地与整地

1. 选地

亚麻属于播种密度高、根系较弱、需肥水较多的作物。因此，亚麻种植应选择土层深厚、土质疏松、肥沃、保水保肥、地势平坦、排水良好的土地。风沙土、黏重土和排水不良的涝洼地土壤不宜种植亚麻。

2. 整地

提高整地质量，保证土壤墒情是亚麻苗齐、苗全、苗均、苗壮的关键。亚麻是双子叶植物，种子很小，种子发芽后拱土能力较差，同时作为直播密植作物，它的植株细弱，根系相对不发达，因此与杂草的竞争能力较弱。整地要求地面平整，表土疏松，底土紧实，形成透气、保水、保温的土壤环境条件，以利于亚麻的播种作业，又能为种子发芽、出苗提供适宜的苗床，达到一次播种一次全苗的目的。

（四）播种技术

1. 播种量的确定

亚麻播种量应根据单位面积上的有效保苗株数、种子的千粒重、发芽率、清洁率进行计算。实际上在计算过程中，应把没有发芽能力的种子和杂质扣除，补以等量的具有发芽能力的种子，同时还要加上田间损失率。具体计算公式如下：

$$\text{种子发芽率（\%）}=\frac{\text{供试验种子数}-\text{不发芽种了数}}{\text{供试验种子数}}\times 100\%$$

$$\text{种子清洁率（\%）}=\frac{\text{试验种子重量}-\text{含杂质重量}}{\text{试验种子重量}}\times 100\%$$

$$\text{田间实际播种量（千克 / 亩）}=\frac{\text{千粒重（g）}\times\text{每平方米有效播种粒数}\times 666.7\ \text{m}^2}{\text{种子发芽率}\times\text{种子清洁率}\times\text{田间保苗率}\times 1000\times 1000}$$

2. 种子处理

为了防治病虫害，同时促进亚麻根系发育、增加抗旱能力、改善生理功能、提高产量和纤维品质，播种前应进行种子处理，种子处理一般有以下几种方法：

（1）微肥拌种：采用 0.2% 锌肥或铜肥溶液拌种，可以增产。其做法是把种子放在干净的场地上薄薄摊开，然后将配好的硫酸锌或硫酸铜溶液均匀地喷在种子表面，以种子表面透湿为宜。待种子阴干后，充分搅拌一次。

（2）杀菌剂拌种：为防止亚麻苗期病害，播种前需要进行种子消毒处理。目前普遍采用炭疽福美拌种，用药量为种子量的 0.3%。经过与锌肥拌种后，用炭疽福美或多菌灵拌种。要做到均匀拌种，这样不仅防止亚麻苗期病害的发生，而且还可以提高保苗率。

（3）杀虫剂拌种：为了防治地下害虫，在播种前可以用杀虫剂拌种。

（4）生根粉拌种：为促进苗期亚麻根系发育，提高抗旱能力，在播种前利用生根粉拌种。生根粉是中国林科院研制的促进植物生根的一种植物生长调节剂，广泛用于各种林木的扦插和多种作物的生长调控。

（5）种衣剂拌种：在西欧发达国家亚麻种子普遍采用种衣剂拌种。由于种衣剂中含有杀菌剂、杀虫剂、植物生长调节剂、微肥等。既可以预防苗期病虫害，又可以促进亚麻根系生长。

（6）稀土拌种：采用稀土硝酸盐（有效成分为 38.7%），每亩种子用 40 克样种，能改善亚麻的生理功能。具有增加产量、提高纤维品质的效果。

种子的处理十分关键，它对亚麻种植中病虫害防治起到积极的作用，同时它能增加亚麻的抗旱能力、改善生理功能、提高产量和纤维品质。因此，一定要在播种前对亚麻种子进行处理。特别是有条件的种植区，应对亚麻种子进行全方位的处理，没有条件的种植区至少应进行杀菌剂和杀虫剂处理。

3. 播种技术

亚麻种植大多采用全耕播种法，也有些地区小面积试验半免耕播种法和全免耕播种法。

（1）全耕播种法：播种前对田块进行翻犁、施肥、整地后，根据地块理出宽 1.5~2 m 的墒面，碎土耙平，墒面四周开通灌溉和排水沟。选择早晚无风时段，把事先处理好的亚麻种子按播种量进行撒播入墒，用耙子轻耙使种子入土，然后进行镇压。亚麻播种后及时镇压是非常必要的，它能使种子充分与土壤接触，发挥毛细管作用，使土壤下层水分上升，保证亚麻种子发芽所需的水分，加快出苗。亚麻播种深度以 3~4 cm 为宜。在土壤黏重、水分充足、雨水较多的种植区，播种深度宜浅；而在土壤干旱、墒情不好的情况下，播种深度可深些，但最多不能超过 5 cm。

（2）半免耕播种法：此播种法适用于一些土壤水分含量充足，或灌溉条件优越，且前作为水稻、豆类等矮株作物的田块。具体播种法：前作收获时尽量去除根茬，规划出 1.5~2 m 的墒面，把处理好的亚麻种子均匀地撒播在已规划好的墒面上，然后用事先准备好的细土覆盖种子，也可用开沟理墒出的土壤进行覆盖，但应尽量捣碎土块，覆盖深度以 3~4 cm 为宜。半免耕播种法的关键在于播种时尽量把种子覆盖完全，播种后，土壤必须保持足够的水分，使亚麻种子在最短的时间内出土，以保证出苗率。

（3）全免耕播种法：此播种法具体操作为水稻收获后，把部分稻草均匀地铺在田间，晴天太阳暴晒干燥后点火焚烧。充分焚烧冷却后，把事先处理好的亚麻种子均匀撒播在焚烧后的草木灰里，然后立即灌水，但不能漫灌。

（五）田间管理

1. 管水

纤维用亚麻是需水较多的作物，形成 1 g 干物质，需要 400~430 g 水。亚麻种子发芽需吸收种子质量的 160% 的水分。随着植株生长需水量有所增加，出苗到快速生长前期占全生育期总耗水量的 9%~13%，快速生长期到开花期占 75%~80%，开花后到工艺成熟期占 11%~14%。试验证明，快速生长期到开花期土壤持水量以 80% 左右最好，开花到成熟期土壤持水量以 40%~60% 为宜。

一般在播种后、枞形期、快速生长期、开花期分别灌一次水，有条件的地块还可以适当增加灌水次数。灌水时发现地块浸湿即可撤水，水平面最好不要漫过墒面，特别是在种子发芽前，以免造成种子和肥料流失，影响出苗率。

在没有灌溉条件或灌溉条件不足的地块不宜种植亚麻，同时也要避免在低洼、水分过多或排水不良的田块种植亚麻。

2. 施肥

（1）基肥：亚麻根系发育较弱，前期和中期需大量的氮、磷、钾肥，因此，应重施基肥。基肥以农家肥为主，因为农家肥在土壤里分解比较慢，是一种营养价值全面的速效和迟效兼有的有机肥料，能在较长时间内持续供应亚麻生长发育所需要的养分。它不但能满足亚麻全生育期吸肥的需要，起到壮秆长麻，防止倒伏的效果，而后还有培肥地力的作用。基肥应早施，最好是从前茬培肥地力入手，就是在前作大量施入有机肥料，培肥地力，当种植亚麻时，亚麻能够及时利用土壤里已被分解好的残肥，提高亚麻的产量和质量。若前茬没有施肥基础或土壤肥力较低，可在整地之前施入。施有机肥料做基肥时，农家肥一定要先发酵（熟肥）完成，并且捣细。在整地前运到地里，均匀地散开，浅耙 10~15 cm，将粪肥耙入土中。这样，既防旱保墒，又为亚麻生长发育创造一个肥多、土碎的土壤条件。

（2）种肥：亚麻是需肥量较多的作物。因此，在施用农家肥做底肥的基础上还应施用化肥做种肥，以满足亚麻幼苗和生育前期对养分的需要，这对亚麻的增产有显著的效果。由于亚麻根量少，根系弱，且多集中在 5~10 cm 的土层中，吸肥能力较差，因此施用种肥时，结合整地将化肥深施于 8 cm 左右的深度为宜，这样可以提高亚麻根系的吸收能力和充分发挥肥效。

（3）追肥

① 氮、磷、钾肥料：虽然在播种前施足了农家肥做底肥，同时施用化肥做种肥，但追肥也是亚麻种植中必不可少的环节。亚麻出苗后如果生长比较弱、叶片呈现淡绿色和黄色、叶片较小且紧紧向茎靠拢时，表明缺少氮素，可以适当追施氮肥。这样可明显改善亚麻的生长状况，促进亚麻纤维的发育，提高产量，改善品质。然而追肥不能太晚，否则会引起亚麻生育期延长，麻生长不正常。具体方式是在亚麻株高 6~10 cm 时，在雨前把氮肥撒施到田间。追施磷和钾不但增产效果好，而且有提高纤维品质和防止倒伏的作用，特别是氮肥施用较多，亚麻生长繁茂的地块。钾肥和磷肥的施用方法是作为底肥一次施入或在亚麻快速生长期撒施。

② 微量元素肥料：微量元素铜、锰、锌、硼等在土壤中含量很少，但却是植物生长发育所必需和不可替代的。在亚麻进入快速生长期时对亚麻

进行根外追施锰、铜、锌、硼等微肥，可以明显提高亚麻的产量和出麻率，改善纤维品质。微量元素施用浓度以锰 0.1%~0.5%、铜 0.2%~0.5%、锌 0.1%~0.15%、硼 0.15%~0.25% 为宜。由于地质等多方面的因素，各地土质和微肥含量相差较大，因此施用时可根据具体情况来确定施用量和施用方法。

（六）病虫害防治

亚麻主要病虫害包括亚麻萎蔫病、亚麻锈病、亚麻炭疽病、亚麻夜蛾、亚麻跳蚺、夜盗虫、朝鲜黑金龟子、姬天鹅绒金龟子等，具体症状详见第七章麻类作物病虫害防治技术。

（七）适时收获

亚麻适时收获是确保丰产丰收和提高纤维品质的关键。收获过早，纤维成熟度不够，出麻率低，麻茎叶子多，水分大，不好保管，质量差；收获过晚，纤维成熟过度，麻茎容易倒青，纤维品质下降，纤维粗硬、脆弱、分裂度低，麻茎果胶质含量大，木质素增多，不好沤制。只有在亚麻工艺成熟期收获，才能提高亚麻产量和质量，出麻率高，强度大，品质优良。亚麻适宜收获期是工艺成熟期，其标准为：田间亚麻 1/3 蒴果变成黄褐色，麻茎有 1/3 变成黄色，麻基下部叶片 1/3 干枯。群众的经验是：远看麻田“卵黄”，近看麻田“清膛”，正是拔麻的好时候。在土壤水分多的低洼地或施氮肥较多的地块，亚麻虽已工艺成熟，但却不易完全表现出工艺成熟的特征，麻茎浓绿，叶子不发黄、不干枯，在这种特殊情况下，唯有根据蒴果色泽的变化来确定收获期，当蒴果 1/3 变成黄褐色就可进行收获。

图 6-1　亚麻收获期

亚麻收获后，麻茎中含水分较多，为防止霉烂，减少损失，必须在田间进行晾晒。田间晾晒主要有以下几种方法：①平铺晾晒。在亚麻收获时不捆小麻把，拔麻后把麻茎薄薄地平摆在地上，晒到六七成干，捆成大麻把，麻干得快。因为麻层薄，阴雨天麻茎也不易霉烂。②扇形晾晒。把捆好的麻把掰成扇形，就地晾晒，当麻茎晒到六七成干时运回场院保管。晾晒初期，因麻茎中含有一定的水分，麻茎外表又有一层蜡质，雨水不易浸进，遭雨淋后麻茎也不会变质。晾晒后期，麻茎干到一定程度，遭雨后就要及时翻麻，抖掉雨水，否则，雨露浸入麻茎，麻茎变黑，降低麻茎和纤维的品质。③田间小圆垛晾晒保管。拔麻时，如 2~3 天不下雨，可把麻把就地立成“人”字形，晒 1~2 天，下雨前在田间堆成小圆垛。若天气时阴时晴，可随拔、随捆、随堆成小圆垛。每个小圆垛 80~100 把麻。小圆垛要底架稳，上层麻的梢部搭在下层麻茎的分枝处，垛顶用一大把麻做成草帽形状盖上，使麻垛下雨不漏，刮风不倒，麻茎不捂不烂。当麻茎达到六七成干时，运回场院，再经过一般干燥后进行脱粒。在田间干燥好的麻也可随运随脱粒。

从田间运回场院基本干燥的亚麻，在场内的保管一般有两种方法。第一，垛成南北大垛。堆垛前用木方把垛底垫好，然后根向里，梢朝外，一层压一层地往上垛。每垛 4~5 层，用麻把勾好垛心，垛高 2~3 m，呈屋脊形。南北垛的好处是雨后东西两侧都能晒到。第二，垛成圆垛。先把 50~60 把麻立在地上，搭成底架，然后将麻把根朝上，梢向下一层一层往上搭，最后垛成塔尖形圆垛。上述两种方法垛顶部都要用草或草帘子盖好，防止雨浇漏垛（近年来各地用塑料薄膜盖麻垛防雨的经验值得推广）。保管期间发现漏垛、捂垛，要及时拆垛晾晒，避免霉烂损失，晴天要及时晾晒。当麻干后，及时脱粒。然后麻茎捆成 30~50 kg 的大捆，送交亚麻原料厂。

（八）原茎分级

亚麻原料的好坏直接影响打成麻和纺织品的品质，只有纤维发育良好的原料才能制出高等长纤维。高等麻的梳成率高，可纺既细又抗拉的高支纱，织出高质量的纺织产品。为了促进亚麻生产向高产优质方向发展，实行优质优价，国家质量监督检验检疫总局批准颁布了《纤维用亚麻原茎》的国家标准。该标准主要是根据原茎的工艺长度、粗细度、色泽、回潮率、杂质、非正常原茎等划分等级。其中，最大回潮率为 14%（公定回潮率为 12%），杂质不能超过 10%，杂草不得超过 2%。

图 6-2　亚麻纤维

第二节　汉麻高产优质栽培技术

我国汉麻的栽培历史悠久，从种植、开发距今已有 8000 多年的历史。从原始社会到秦汉时期，汉麻的种植和加工技术得到了迅速发展。在秦汉时期，汉麻的种植技术已经日趋完善。很多古文献都对汉麻的种植和加工作了详细记载，如西汉时期的《汜胜之书》、东汉时期的《四民月令》和北魏时期的《齐民要术》等。汉麻是一年生作物，不长期占用耕地，与传统作物的栽培管理方法相似，很受农民欢迎。由于其本身含有微量的大麻酚成分，汉麻在种植过程中，几乎不需要杀虫剂和除草剂，符合农业的可持续发展。在间作时，汉麻可以帮助作物抵抗病虫害和杂草，减少农药使用，很大程度上减缓了环境污染。汉麻对土壤中重金属离子有吸收作用，在轮作时，可以提高下一轮作物的土质。另外，汉麻植株生命力旺盛，对土地要求较低，可以在山坡、荒地等贫瘠的土壤上播种。汉麻的这些种植特点为其发展奠定了良好基础。古代农民不仅总结出选择适当的季节播种汉麻，而且积累了丰富的田间管理经验。

一、耕作与施肥

汉麻对土壤肥力反应特别灵敏，无论选用哪种土壤或前茬栽培汉麻，都应重视土壤耕作措施和大量施用有机肥料，方能达到高产稳产效果。《诗经·齐风》有“蓺麻如之何？衡从其亩”的记述；《氾胜之书》有“春冻解，耕治其土，春草生，布粪田，复耕，平摩之”和“树高一尺，以蚕矢粪之；树三升，无蚕矢，以溷中熟粪粪之亦善”的记述。都说明了种汉麻要精耕细作，多施肥，分期追肥。

（一）深耕多耕与播前整地

种汉麻的土壤，要实行深耕，加深活土层，并耕细耕匀，改善土壤理化性质，增强土壤保水保肥能力，使之有利于汉麻根系发育，促使株高茎粗，从而提高产量。

（二）施肥

我国各地麻农多用有机肥料做基肥，一般亩施有机肥 2000~2500 kg，结合秋深耕翻入底层，或在春耕时浅翻入土。汉麻基肥一般要占施肥总量的 70%~80%。各地还有在播种前于土壤表层施入豆饼、麻渣、人粪尿或化肥等，使土壤全耕作层肥力充足，迟效肥与速效肥结合，既满足幼苗阶段对速效养分的需要，也能较好地保证快速生长期的养分供应。

汉麻追肥一般宜早。以苗高 25~30 cm，将进入快速生长期时，结合灌头水追肥为最适宜。追施化肥量一般每亩用尿素 7.5~10 kg。此外，有的麻区强调多施基肥而不施追肥的，原因是避免因化肥量少，撒施不匀，引起田间麻株相互竞长，造成生长不齐，小麻增多，出麻率降低等。因此，追肥要因地制宜，讲求实效，是十分重要的。

二、播种

（一）种子精选

生产实践证明，精选种子是培育早苗、齐苗、壮苗的一项有效措施。各麻区的共同经验是：播种用的种子要经过风选和筛选，除去秕粒、嫩籽、杂质，挑选饱满、千粒重高、大小均匀、色泽新鲜且发芽率高的种子作种，达到提高出苗率和苗全苗壮的要求。

（二）播种期

汉麻种子能在低温（1~3℃）条件下发芽，其幼苗又有忍耐短暂低温能力，因而形成各麻区汉麻播种期的幅度都比较大。从各地汉麻播种期看，由于气候、土壤、品种、轮作制度的不同，差异很大。辽宁在 4 月上旬，吉林、黑龙江在 4 月中下旬至 5 月上旬播种。河北蔚县麻区，在砂壤土上于 4 月下旬至 5 月初播种，而在阴湿冷凉的下潮地或黏壤土地上，则延迟到 5 月下旬播种。山东省泰安麻区 3 月下旬至 4 月上旬播种春麻，6 月上旬（芒种）播种的为夏麻。

汉麻播种期与栽培利用目的不同有关。采麻栽培时，一般适时早播，而采种栽培时，为了使种子灌浆成熟阶段处在秋季冷凉的气候条件下，一般播种较晚。播种期还要与当地温度相吻合。汉麻在 5~10 cm 土温上升到 8~10℃以上时播种，从播种到出苗 10~15 天。在此情况下，尽早播种，苗期时间长，根系扎得深，起到培育壮苗的作用。苗壮又为快速生长打下基础，使麻株生长加快，麻田群体整齐，增加有效株数，提高出麻率和增加纤维产量。早播快长又为适时早收，利用较温暖的水温沤麻，达到高产优质，经济收益高的效果。因此，汉麻适时早播，既要注意到播种时的地温和快速生长期的气温（19~23℃），还要照顾到沤麻时所要求的水温（20℃以上）。只有三者很好结合，才能起到综合效果。

（三）播种方式

各地汉麻播种方式分撒播、条播、点播三种。采种栽培常用点播，采麻栽培多用撒播与条播。撒播可分畦作撒播与大田撒播两种。在精细整地条件下，撒播也能做到匀播密植，获得较好产量。安徽六安麻区习惯采用畦作撒播，麻农十分讲究撒播技术，分两遍撒，操作精细，每亩撒种 25 万粒，播后覆细土，再盖上麻叶，防麻雀为害，保持土壤温湿度，提高出苗率。河南史河麻区则采用大田撒播，不易播匀，且间苗、中耕、除草等田间管理操作不便，易造成缺苗和生长不一致现象。

纤维用汉麻适于密植，在大面积栽培时应采用条播。条播下籽均匀，播深一致，出苗整齐，便于田间管理。机条播的行距 12.5~15 cm（窄行机条播为 7.5 cm），耧播的行距一般 13 cm 左右，株距均为 5~6 cm。

（四）播种量及播种深度

我国各地汉麻的播种量相差很大，每亩播种量为 1~7 kg 不等，随品种、栽培目的及播种方式而异。早熟品种比晚熟品种播量多，千粒重高的品种比低的品种播量多，采麻栽培比采种栽培播量多，宽幅条播比机条播或耧播播量多。同时地区之间差别也很大，例如浙江杭州每亩播 0.5 kg 左右，四川温江每亩播 1.5~2 kg，安徽六安播种 3~3.5 kg，河南固始播种 3.5~4 kg，山西长治播 5 kg，而山东莱芜则播 6~7 kg。

汉麻种子顶土力弱，宜于浅播。在条播地区以播深 3 cm 为恰当，超过 7 cm 则严重影响出苗，在撒播地区一般覆土 2 cm 较为适宜。

三、种植密度

汉麻纤维产量的高低，取决于单位面积的有效株数、株高（工艺长度）、茎粗与出麻率。一般情况下，单位面积内有效株数多，植株长得高而整齐，麻茎上、下粗细均匀，工艺长度与出麻率均高，即能获得纤维产量高、品质好的经济效果。提高种植密度是增加有效株数的重要途径。但密度过大，则株高下降，且因小麻、死株增多，单株产量降低，单位面积产量亦随着密度的加大而减小。

合理密植，就是要根据地区生态条件和汉麻品种特性，在不同生长发育时期，保持一个合理的群体结构，使叶面积大小、各器官间的生长相互协调，能充分有效地利用地力、阳光和二氧化碳，获得生物产量转化为经济产量的高效率。亚麻的合理密植主要包括三方面内容：一是确定合理的基本苗；二是因地力情况采用适宜的播种方式，确保栽培密度的播种质量；三是根据麻茎生长规律，使汉麻初期生长、快速生长和后期生长都具有合理的群体结构。有效株数是纤维产量构成因素的基础，基本苗又是成株数的基础。所以，获得生长均匀而健壮的基本苗后，随着苗情的发展，力争株多株高，秆壮秆匀，小麻率低，是合理密植的基本体现。

四、田间管理

汉麻自播种到出苗通常需 10~15 天。从出苗到快速生长期开始是汉麻的苗期阶段（初期生长）。在此期间麻田管理的中心任务是确保全苗，促进根系发育，培养整齐健壮的幼苗群体，为进入快速生长奠定基础。安徽六安地区麻农就有“一种九管十成收”的说法，充分阐明了田间管理的重要性。而田间管理措施又主要在苗期，麻长高了，不但管理操作不便，而且成效甚少。因此，苗期精细管理是争取密植全苗，培育壮苗，保株增产的重要关键。主要措施如下。

（一）播后松土

汉麻播种浅，特别是撒播及畦播地区播种更浅。撒播种子后，一般要用挠钩或手耙纵横向松土多遍，使表土充分细碎覆土均匀，让种子紧密接触湿土，顺利出苗。

播后遇雨，地表板结影响出苗，要及时轻耙，破除板结，以免幼苗在土中窝黄和造成缺苗。

（二）间苗与定苗

汉麻间定苗工作比较细致，是麻田留足基本苗，保证密植增产的关键措施之一。一般间苗和定苗各一次，要求做到早间匀留适时定苗，达到培育壮苗的要求。间苗宜在出苗后 10~15 天内进行。间苗要求间弱去强留中间，疏开过稠苗丛，拔除生长过高和弱病苗，按制定密度的要求，留匀苗距，使生长整齐一致。有的麻区间苗两次，第一次在出苗后 7~10 天进行，只做疏苗工作，第二次则在出苗后 10~15 天进行，拔高去弱留中间。苗高 14~20 cm 时，进行定苗。操作细致的在苗高 60~70 cm 时，再做一次拔除弱株的工作。

我国麻农在定苗时，已能大致识别麻苗的雌、雄株。麻农经验：“花麻（雄株）尖头，子麻（雌株）平顶。”凡幼苗叶片尖窄，叶色淡绿，顶梢略尖的多为雄麻，反之，叶片较宽，叶色深绿，顶梢大而平的多是雌麻。采麻栽培的宜多留雄株，以提高纤维品质；采种栽培的可适当多留雌株，以增加种子产量。

（三）中耕与蹲苗

中耕是苗期的重要管理措施，具有松土除草，散湿增温，促下控上，使幼苗主根深扎和较早较快地生长侧根的作用。麻田要早中耕、细中耕。一般中耕两遍，除结合间定苗进行中耕外，在麻田封行前再进行中耕一遍。

高肥密植而又底墒充足的麻田宜多中耕进行蹲苗。蹲苗的时期在幼苗后期至快速生长期到来之前。蹲苗可使幼苗根系尽量深扎，发育良好和控制旺苗长势，促进弱苗赶上壮苗，以提高麻田群体的整齐度。这样在以后的快速生长中，群体生长均衡，小麻弱株减少。这是高肥密植田保株增产的一项重要措施。

蹲苗的操作技术：在苗期阶段，多中耕，雨后中耕松土。中耕深度由浅而深，始终保持土表疏松干燥，而下层保蓄一定水分。这样麻苗不受旱，能控上促下发育根系。此外，延迟灌头水和追肥，达到更好的蹲苗效果。但是蹲苗要适度，只有在幼苗不严重受旱、不缺肥（苗色深绿而不变黄色）的情况下，才能起到蹲苗的良好作用。蹲苗结束后，正值麻苗生长发育的水、肥的临界期，应立即追肥、灌水，促使麻苗进入快速生长期，呈现出长势旺盛健壮的丰产长相。如果蹲苗过度，麻苗受旱，则会出现“小老苗”，造成减产。

（四）灌溉与排涝

麻苗生长到 30 cm 左右，进入快速生长期。从进入快速生长期到雄株开花期，是汉麻生长发育最旺盛的快速生长期。该阶段时间短，生长量大，干物质积累多，消耗水分也最多，必须抓好灌溉。北方麻区在汉麻快速生长期，正值干旱少雨季节，灌溉与否对产量影响很大。南方麻区雨水多，一般春播汉麻不需要灌水，但要在播前清理好畦沟，使在整个生育期间做到雨停水泄，排水通畅，免受涝害。特别是在蕾期多雨时，最容易渍水烂根，应重视排水问题。夏播汉麻生长盛期适逢盛暑，易遭干旱，亦应适时适量灌水。

汉麻开花后到纤维成熟或到种子成熟为后期生长阶段。此时田间管理的中心任务是使麻茎和种子都能成熟完好，达到增产增收。

汉麻开花期长，开花后，麻茎向上生长转慢，进入皮层增厚时期。这时适当控制土壤水分，有利于纤维成熟。同时开花后落叶渐多，覆盖土面，保持土壤湿润。故这时一般不需灌水。但在采麻栽培收割前 4~5 天要灌水，增加麻株含水量，便于镰制和缩短沤麻时间，提高纤维色泽和柔软度。这种水麻农叫“变色水”。采种栽培或雌、雄麻分期收获的地区，麻株种子成熟要比工艺成熟晚 30~40 天。在此期间应根据田间水分状况，适当灌水，使种子灌浆成熟好，产量高。后期生长阶段，麻株高大，无论采麻或采种栽培，均应在灌水前注意气候变化，严防灌水时或灌水后遇风倒伏。

五、病虫害防治

我国汉麻生产中，虫害较多，危害较为严重，病害较少，危害也轻。主要病虫害包括汉麻白星病、汉麻露菌病、汉麻褐斑病、汉麻白斑病、汉麻菌核病、汉麻跳蚲、汉麻小象鼻虫、蝼蛄、地老虎等，详见第七章麻类作物病虫害防治技术。

六、收获

汉麻油、纤兼用的情况下，雄株和雌株应分别收获。一般雄株比雌株早 30~50 天收获。雄株在盛花期收获，可得最高的纤维产量，但那时纤维尚未充实，强力较弱，在开花末期收获，则出麻率最高，纤维品质最好，而且雄株的授粉作用也完毕。雄株在花谢后，如果延迟收获，麻茎很快干枯，纤维产量和品质都会受到损失。雌株的工艺成熟期和采种适期是以花序中部的种子都开始成熟，种子外面的苞叶呈褐色枯干，而梢部的种子绿包时为最好。因为那时雌株茎秆纤维已成熟，并且麻籽的产量也较高。如果较迟地收割雌株，不但纤维变粗硬，由于落粒还会减低麻籽产量。但过早收获，则嫩籽、瘪籽多，种子产量、质量都低。

采纤用汉麻，一般当雄株大多数开花完毕而雌株开始结实时即一次全部收获。这时雄株和雌株的纤维，在质和量方面的差异最小。生产上田间收获适期的特征是：雄花盛开末期，轻轻摇动，花粉纷纷飞散，麻秆基部稍变黄色，下部叶子已凋落，上部叶子黄绿色，麻田透亮，雌花开始孕蕾。我国采纤用汉麻，一般一次收获，对田间作业来说是比较方便的，但这时雌株还在继续生长，纤维细胞还未充分成熟，纤维产量比成熟时少，纤维细软而不坚韧，同时雄麻产量约占总产量的 30%，而雌麻到成熟时收获，可占总产量的 70% 左右。因此从提高纤维产量和质量来说，汉麻是适宜于分期收获的。

我国北方麻区如河北、山西纤维用汉麻，一般在大暑后收伏麻，处暑间收秋麻，生长期约 100 天；油纤兼用汉麻一般在白露、秋分收获，生长期约 150 天。山东收麻较早，春麻在小暑开始收获，夏麻在处暑收获。南方纤维用麻的收获期 6 ~ 8 月不等，自播种到收获需 150~200 天。安徽“火麻”在 6 月中旬左右收获，当地有“夏至十天麻”的农谚；“寒麻”在 7 月中旬收获，当地有“入伏十天麻”的农谚。四川温江、浙江嘉兴，汉麻是水稻的前作，为了不失插秧时期，在 6 月间汉麻还没有开花时便可收获。

收获方法：用手连根拔起或用镰刀、砍麻刀齐地割下，随即割去枝叶，砍掉根部，按老、嫩、长、短、粗、细分别扎成小捆，不待干燥即进行沤麻，或者竖立田间，待其完全干燥后，运回贮藏，以后再沤麻。采种用汉麻收获时，因雌株高大，分枝多，宜用镰刀割下，按茎秆粗细和长短扎成小捆，堆成垛在田间任其干燥，促进梢部种子的后熟作用，然后摔打脱粒。也可拔起或砍下雌株后，割下果枝，铺 6.6~10 cm 厚，摊晒一天后，用链枷轻轻拍打，使麻叶落净，第二、第三天后再拍打脱粒。这样雌株可不需要经过干燥而能在较温暖的气候下进行沤麻，可以提高纤维产量和品质。脱粒后再晒 1~2 天，然后用筛子、簸箕、风车去净碎叶杂质，贮藏在干燥通风的地方。避免种子受潮或遇高温，以免降低发芽率。

七、留种

做好汉麻留种工作，是汉麻生产的一件大事。一般留种地应选择地下水位较高，或水利和土质较好的地。留种田最好与一般大田生产田隔离 2 km 以外，避免不同品种类型间的生物学混杂。留种田的行株距大些，使雌株发育良好，要加强肥水管理，防治病虫，去劣去杂。雄花盛开授粉，俟雄麻开花完全后，拔去雄株，并拔去倒伏的、有病的、矮小的、折损的麻株，然后中耕除草，立即浇水，使雌株的根部与土壤密切结合。当雌株果实约有 60% 成熟时开始收获。在留种田中选出植株高、粗细均匀、节间长、分枝少、无病虫害、皮色一致的麻株混合脱粒保存，供明年留种田播种用。在建立大麻留种地的同时，还应注意不同成熟期品种的搭配问题。目前不少麻区都采用单一品种栽培，在收获时由于劳动力过于集中，往往不能及时收获，以致影响纤维产量和质量。

主要参考文献

[1] 熊和平. 麻类作物高产优质栽培技术 [M]. 北京：中国农业科技出版社，2001.

[2] 陈其本，余立惠，杨明. 大麻栽培利用及发展对策 [M]. 成都：电子科技大学出版社，1993.

[3] 刘飞虎，刘其宁，梁雪妮，等. 云南冬季纤维亚麻栽培 [M]. 昆明：云南民族出版社，2006.

[4] 武跃通. 亚麻高产栽培与综合利用技术 [M]. 呼和浩特：内蒙古教育出版社，1992.

[5] 李宗道. 苎麻高产栽培技术 [M]. 长沙：湖南科学技术出版社，1982.

[6] 中国农业科学院麻类研究所. 中国麻类作物栽培学 [M]. 北京：农业出版社，1993.

[7] 李宗道. 麻作的理论与技术 [M]. 上海：上海科学技术出版社，1980.

[8] 毛振生，刘辉，李天慧，等. 汉麻栽培技术 [J]. 吉林农业，2008（4）：30–31.

[9] 杨海峰，杨斌. 汉麻栽培技术要点 [J]. 农村实用科技信息，2007（8）：13.

[10] 马桂芝. 黑河市汉麻标准化栽培技术 [J]. 现代农业科技，2018（5）：29，31.

第七章 麻类作物病虫害防治技术

第一节　苎麻病虫害防治技术

苎麻主要的病害有白纹羽病、根腐病、炭疽病、褐斑病、角斑病、细菌性青枯病等，主要害虫有苎麻夜蛾、苎麻黄蛱蝶、苎麻赤蛱蝶、苎麻天牛、金龟子、黄（白）蚂蚁等。据日本报道，苎麻病害还有白粉病、菌核腐烂病。我国麻区还普遍发生一种“花叶病”，叶片病征有些像油菜“花叶病”那样，叶片褪色，黄绿相间，开始叶片还平展，以后卷缩，有些凹凸，植株生长缓慢，逐渐成为弱蔸，甚至缺蔸。

（一）苎麻白纹羽病

发病部位在根，使植株生长缓慢，梢部下垂，叶片凹凸，逐渐凋萎脱落，细根腐朽，并有白色绵状菌丝。病菌在根部或土中有机物上存活，由土壤传染，也可随着病蔸传播。

防治方法：①注意排水；②烧毁病蔸；③本病除苎麻外，野生苎麻属植物、茶、落花生、白菜类、马铃薯、洋姜、胡萝卜、甘薯、大豆、蚕豆等均可寄生，故发病剧烈地，至少要轮栽禾本科或其他非寄主植物如玉米、水稻、小麦、红麻等 5 年以上，再种苎麻；④地下茎用 0.05% 升汞水或 1% 硫酸铜浸种 10 分钟或 20% 石灰溶液浸渍 1 小时消毒。

（二）苎麻根腐病

发病部位在根，从根尖开始初生褐色不定形小斑点，后变黑色，病斑渐次扩大凹陷，终于腐败枯死。地上茎多分枝，叶片卷缩。

防治方法：同苎麻白纹羽病。

（三）苎麻叶斑病（角斑病）

发生部位在叶，最初靠近地面部分发生，逐渐侵染上部。病斑初为圆形或不定形黑褐色小斑，后沿叶脉多扩大为四角形或多角形，也有椭圆形或圆形的，大小（1~15）mm×（1~18）mm，一般2~3 mm。被害叶早期脱落，茎矮小。被害叶中菌丝或分生孢子越冬，次年再发生为害。风雨及蚂蚁均可传播。

防治方法：被害叶烧毁或做堆肥；发病前喷施150倍波尔多液或65%代森锌600倍液、25%灭菌丹400倍液。

（四）苎麻炭疽病

被害叶片着生圆形小斑点，初灰色，后变褐色，病斑内部淡褐色或灰色，周围褐色或黑褐色。茎部病斑初圆形，次纺锤形，大小（1~6）mm×（0.8~2）mm。刮制后的原麻现红色斑点，强力减弱。本病病菌由菌丝及孢子在被害部越冬，次年再发生为害。

防治方法：同苎麻角斑病。

（五）苎麻青枯病

一种毁灭性病害，在我国浙江天台、海宁等县普遍发生，湖南省长沙、贵州独山也发生过。麻株发病后全株萎蔫，梢部首先垂萎而后下部老叶枯垂。叶片折缩，随即枯死。根、基维管束变褐色，横切病部有乳白包胶状菌液溢出。此病为细菌性病害，主要在病蔸、残体及土壤越冬，麻田灌水或遇暴风能加速传播，严重时下场雨就会死一批。

防治方法：严格检疫制度，防止此病扩散；烧毁病株，改种其他作物。

（六）苎麻夜蛾

幼虫吃麻叶，春季成虫羽化，产卵叶上，刚孵化的幼虫群集麻叶背面，

图 7-1　苎麻夜蛾成虫

食害叶片，2~3 龄逐渐分散，严重的吃光麻叶，只剩叶脉，苎麻幼嫩时发生此虫可完全失收，苎麻成熟时受害也会减产，而苎麻皮薄，纤维脆弱。

成虫体长 28~32 mm，翅展 65~71 mm，头部黑色，胸部茶褐色，腹部深褐色，前翅前缘及翅顶茶褐色，而有黑褐色横线及黑色环状纹与暗茶褐色肾脏纹，后翅黑褐色，有黑色宽带 3 条及横脉纹。卵扁圆形，乳白色，背面具若干纵纹。幼虫有黄色或黑色两种，黄色者具黑色气门腺与气门上下腺两条，背上各节有 5~6 条黑色横线，头部黄褐色，腹足黄褐色，沿脚各具粗黑线一条。黑色者，背上多黄色横线，气门上下线呈黄色，老熟幼虫约 60 mm。蛹起初棕色，后渐变黑褐色，长约 25 mm。湖南浙江、四川等省一年发生 3 代。

防治方法：摘除有卵块或刚孵化幼虫的叶子烧毁；农药防治。

（七）苎麻赤蛱蝶

图 7-2　苎麻赤蛱蝶成虫

幼虫卷食叶片。成虫体长 30 mm，翅展 60 mm，前翅黑色，外半部有几个白色小斑，中央部有宽广而不规则的黄赤色横纹；后翅暗褐色，外缘橙赤色，其中列生四个黑斑。卵长椭圆形，淡绿色，有多条纵沟，长 0.7 mm 左右。老熟幼虫体长 32 mm，背面黑色，腹部赤褐色，体上有刺毛，头部黑色而有光泽。蛹灰绿褐色，体长 20~24 mm。每年发生几代还不清楚，以成虫越冬。

防治方法：捕杀卷叶内幼虫、蛹；农药防治。

（八）苎麻黄蛱蝶

以幼虫吃麻叶为害。成虫体长 22~29 mm，翅展 75~78 mm，前后翅底色为棕黄色，前翅外缘为褐黑色，中间缀以黄赤色斑点 8 个，头褐色。卵长椭圆形，长 0.9 mm，橙黄色。幼虫体长 34 mm，头部黄赤色，背线、气孔下线皆为赤褐色，体呈黄白色，各节有肉刺。蛹圆锥形，体长 25.2 mm，灰白色。每年发生 2~3 代。

图 7-3　苎麻黄蛱蝶

防治方法：摘除有卵叶或幼虫刚孵化的叶子烧毁；农药防治。

（九）苎麻天牛

图 7-4　苎麻天牛

苎麻天牛成虫咬断叶柄和嫩芽，幼虫蛀食地下茎，造成伤口后又易遭病菌侵入。一年发生 1 代，以幼虫越冬，3~4 月间幼虫在土中化蛹，4~5 月羽化为成虫后出土。雄虫先发生，体细长，雌虫发生较迟，体稍肥大。为害期约 1 个月，至 5 月底、6 月初交尾后，沿麻茎基部产卵，15 天左右孵化为幼虫，钻入地下茎。

防治方法：趁露水未干时，用手捕杀成虫，或者用灯光诱杀成虫。

（十）金龟子

为害苎麻的有大黑金龟子、黑绒金龟子、铜绿金龟子等。金龟子成虫食害茎梢及嫩叶，幼虫蛀食地下根茎或地上茎基部，使地下茎枯死，造成败蔸和减产，每年发生 1 代，黑绒、铜绿金龟子以幼虫越冬，大黑金龟子的成虫、幼虫均可越冬。

图 7－5　金龟子

防治方法：捕杀成虫；农药防治。

苎麻害虫还有金花虫、造桥虫、红蜘蛛、苎麻叶螟、蜗牛、地老虎、蚯蚓、叶蝉等，但尚未猖獗成灾，故从略。

第二节　黄麻、红麻病虫害防治技术

一、黄麻病虫害防治技术

黄麻的病害主要有炭疽病、茎斑病、立枯病、黑点炭疽病、细菌性斑点病、丝核菌立枯病、黄麻根腐病、根线虫病、茎青枯病等。近年来广东发现一种新的黄麻病害——金边叶病，首先叶片边缘变黄，最后整片变黄脱落，显著影响产量。黄麻的害虫主要有地老虎、玉米螟、红蜘蛛、棉蚜、苎麻赤蛱蝶、斜纹夜蛾、棉卷叶虫、蝼蛄、金龟子、斑蝥、大造桥虫、蜗牛等，其中以地老虎为害幼苗，以及玉米螟为害长果种的茎叶最为严重。

（一）黄麻炭疽病

黄麻发芽时侵害子叶，幼苗被害后茎细缩如丝，变黑褐色倒伏。成长植株的茎部，病斑初为水浸状小斑，逐渐扩大，边缘明显，为不规则圆形或椭圆形，病斑内部呈淡褐色，周围为褐色或黑褐色，病斑渐次干燥内凹，病斑后期散生黑色微小粒点，有时茎皮破坏剥离，纤维受损害。叶部发生病斑，为不整圆形，斑色与茎上的相同。被害蒴果，病斑初为黑色，后变黑褐色，受害种子不饱满，呈暗灰色。整个蒴果枯死，表面并散生小黑点。病菌的分生孢子附着于种子内外越冬，或由病菌的菌丝潜伏在田间病株上越冬，次年再发生为害。

防治方法：选用粤圆 5 号、梅峰 4 号等抗炭疽病品种；用种子重量 0.5% 的 50% 退菌特拌种，并密闭 5~10 天；拔除病株烧毁，并用 50% 退菌特 500 倍液喷洒；三年轮作。

（二）黄麻茎斑病

本病最显著的病征是在长果种麻茎上着生黑褐色病斑，剥皮及精洗后的纤维上仍留有黑色表皮层，不能洗去，影响品质。叶片上最初发生黄褐色近圆形病斑，逐渐扩大为多角形或不整圆形，直径约 2 mm，病斑逐渐变黑褐色，常有黄绿色的晕圈，茎部感病先从下部开始，后向上蔓延，病斑初为黑褐色，边缘略呈水渍状，逐渐扩大，形成不规则形的黑褐色病斑。在后期，病斑表面有灰白色絮状物，即分生孢子和孢子梗。本病病菌在种子内外及病残体越冬，成为第二年初侵染来源。分生孢子借风雨传播，引起再侵染。此病多在现蕾开花后发生，留种麻为害较严重。

防治方法：选育抗病品种；用种子重量 0.5% 的 50% 退菌特拌种，密闭 5~10 天；喷施 0.5% 波尔多液或 50% 退菌特 500 倍液 3~5 次；清洁田园；合理施肥。

（三）黄麻立枯病（茎枯病）

本病在叶和茎部均有发生。幼苗出土后，子叶变色，密生黑色小粒点。在幼苗生出真叶以后，常在最下面的叶片上发生黄色不规则的病斑，逐渐蔓延至茎部，密生小黑粒点。麻高 33 cm 以后，叶片发生不规则或近圆形黄色病斑，散生小黑点，病斑周围呈现淡黄色的晕，病斑大小为 0.8~1.5 cm，有时可达 4~5 cm。麻苗幼小时感染严重。

防治方法：选育抗病品种；增施草木灰或钾素肥料；喷施 50% 退菌特 500 倍液；烧毁病株；轮作。

（四）黄麻黑点炭疽病

本病在黄麻整个生育期都可发生，麻株上各部位均可侵染致病。幼芽受害在土里腐烂致死，幼苗茎上初呈黄褐色水渍状，后变褐腐烂，引起死苗。植株的茎部，先从下部发生圆形或椭圆形稍凹陷的褐色斑点，大小为 0.1~0.4 cm，逐渐向上蔓延直至梢部幼嫩组织，病斑呈黑褐色、菱形、凹陷的较大病斑，大小为 0.3~0.6 cm，严重时病斑布满全茎。叶片病斑为圆形，呈褐色，叶柄叶脉为长条状或菱形病斑。被害蒴果，有近圆形、凹陷、黑褐色病斑，引起脱落。病原菌在种子、病残体上越冬，次年发生为害。本病要求高温、高湿条件。长江流域在 5~6 月雨季，阴雨多，湿度大，病害流行发生。偏施氮肥，密度过大，多年连作麻地发病也较重。

防治方法：选择无病或病轻的麻地留种；轮作，合理密植，及时排出渍水；0.5% 的 50% 退菌特药液在 20℃左右温度下，浸种 20~24 小时；0.5% 的 50% 退菌特拌种，然后密闭 5~10 天；在田间发病初期用 50% 克菌丹或波尔多液 200 倍液防治。

（五）黄麻细菌性斑点病

本病在苗期开始发生，植株 100~133 cm 时发生严重。最初叶部生暗绿色水渍状小斑点，后变为棕色病斑，有光泽，有时为多角形，中心淡褐色，周围黑褐色。植株生长后期，甚至茎上也普遍发生斑点，有时长达 1 cm，宽 0.5~0.6 cm，纤维受破坏，影响品质。

防治方法：从无病麻田采取种子；隔年轮作；初发病时喷洒 200 倍的波尔多液，或 0.5% 的 50% 退菌特液；选育抗病品种。

（六）黄麻丝核菌立枯病

本病发生在茎基部为主，严重时使植株大量倒伏致死，一般以长果种黄麻发生为多。病斑黄褐色，纤维暴露散乱，有时断裂，病部陷入木质部，常见成片的倒伏现象。

防治方法：选育抗病品种；拔除病株烧毁；三年轮作；加强苗期管理，特别注意排水；喷洒 50% 退菌特液 500 倍液。

（七）地老虎

地老虎为害麻苗。成虫体色灰褐，头部略呈灰色。卵形小，早期呈黄色，孵化前变红色。幼虫蚕模样，体色灰褐，成长时可至 5~6 cm。蛹也像蚕蛹，全体栗壳色，长 20~24 mm。一年发生 3~4 代，以幼虫在地下过冬，至第二年 4~5 月开始活动，这时正当麻苗出土期，故受其为害。

图 7-6　地老虎

防治方法：幼苗期用 90% 敌百虫 100 倍液喷施切碎的鲜草，撒在地面诱杀；人工捕捉。

（八）玉米螟

幼虫食害嫩叶或钻入麻株嫩头，致麻梢枯死，造成折茎断头。成虫体长 10~13 mm。体背黄褐色，前翅外横线红褐色，锯齿状，外缘线红褐色，内横线淡暗褐色，呈波状。卵椭圆形，初为乳白色，后变淡黄色。老熟幼虫体长 20~30 mm，头深褐色，体背多淡褐色，并有粒状突起，上有毛刺。蛹淡黄色，腹部末端有 5~8 根钩刺。背面有横纵纹。一年发生 3~4 代，以老熟幼虫越冬。

图 7-7　玉米螟

防治方法：消灭越冬虫源，特别是玉米、高粱，以消灭越冬幼虫；农药防治。

（九）红蜘蛛

图 7-8　红蜘蛛

被害叶初呈黄白色斑点，逐渐蔓延至全叶，引起叶片枯死脱落。成虫一般红色或锈红色，也有浓绿、褐绿或黄色。雌虫梨圆形，体长 0.42~0.59 mm，初产时透明无色，后渐变为橙红色。长江流域麻区一年可发生 20 代以上。

防治方法：清除枯枝落叶，铲除田边杂草，以降低越冬虫口密度；40% 乐果乳剂 2000 倍液，50% 倍硫磷乳剂 1200 倍液，50% 马拉松 1500 倍液，50% 杀螟松乳剂 1500 倍液均有效，20% 三氯杀螨砜 500 倍液能杀死卵和幼螨，残效期较长，如与上述药剂混用，效果更好。

（十）蜗牛

蜗牛不是昆虫，隶属于腹足纲有肺目蜗牛科。蜗牛在晚上爬出活动，为害麻苗。蜗牛是一种螺，体柔软，背面淡黄灰色，腹面平滑，头口有淡青色触角一对。卵球形，乳白色，外壳坚硬有光，直径1.5 mm。幼螺外壳很薄、灰色，散生小黑点。成螺或幼螺都喜欢阴暗处所，昼伏夜出，为害幼苗嫩叶，寿命可达一年以上。

图 7-9　蜗牛

防治方法：苗期注意排水；农药防治；持灯捕捉。

二、红麻病虫害防治技术

红麻病害，主要有红麻炭疽病、红麻立枯病、红麻茎枯病、红麻根线虫病、红麻叶霉病、红麻灰霉病等。红麻虫害，主要有小地老虎、玉米螟、小造桥虫、斜纹夜蛾等。

（一）红麻炭疽病

红麻炭疽病是红麻病害中最严重的毁灭性病害，在我国南方、北方麻区均有发生，20 世纪 50 年代曾造成我国红麻生产几乎停止的局面。红麻炭疽病在长江流域发生多，因苗期、收获期多雨；北方雨水少，故为害较轻；新疆空气干燥，一般不发生炭疽病。红麻整个生育期，嫩茎、叶、花、蒴果都可侵染。种子萌发后，未出土前，胚茎可受害烂死。幼苗子叶开展后发病，幼茎呈淡褐色病斑，组织缩小，以致幼苗倒伏，逐渐干枯。这种现象在下雨后 1~2 天更是显著，枯茎上出现粉红色黏块。未死幼苗的子叶或成长叶片上的病斑，中央黄褐色，边缘暗红色。当幼苗长到 16.5~20 cm 或 33.3~66.6 cm 时，雨后常使顶芽变黑腐烂，形成分枝。麻株继续生长，茎部、叶柄基部发生长形暗红色病斑，纤维受损害，清洗后呈棕褐色斑块。严重时，植株枯死。受害蒴果的果壳有粉红色斑块。

防治方法：选用抗病品种；种子消毒，50% 退菌特 500 g，加水 50 kg，配成 0.5% 药液，浸种 17.5 kg，水温保持 20℃左右，浸 20~24 小时，捞出晾干后播种，或用 500 g 杀菌灵，加水 100 kg，浸种 35 kg，杀菌率可达 98%；轮作换茬；苗期喷 50% 退菌特、敌克松混合液（1∶1∶500），可兼治立枯病，或用 50% 炭疽福美 400 倍液喷治。

（二）红麻立枯病

本病在全国麻区均有发生，还侵害黄麻、棉花等近百种植物。红麻播种后至幼苗期受立枯病为害，可造成烂种、病苗、死苗。子叶感病多在中央呈棕褐色不规则的病斑，以及染病组织脱落而穿孔。幼苗受害，茎基部先出现水渍状褐色凹陷病斑，然后逐渐扩展，呈黑褐色腐烂或干枯缢缩而死。成长麻茎发病，在离地面的基部，呈黑褐色病斑，稍凹陷，围绕全茎，纵裂露出纤维，遇风易折倒。

防治方法：轮作换茬；适时播种，提高播种质量；苗期喷施 50% 退菌特、敌克松混合液（1∶1∶500），或托布津 1000 倍液，或波尔多液 200 倍液。

（三）红麻茎枯病

本病在全国麻区均有发生。幼苗感病可使生长点变黑枯死。叶片病斑呈黄褐色、不规则形病斑，以后再由叶柄侵染茎秆，初为淡褐色、中央灰白色的不规则形病斑，表面平滑，表皮下长出许多小黑粒即分生孢子器。严重时，扩展至全茎，引起叶片枯萎，麻骨易折断，表皮易剥落，纤维易分离，影响纤维品质和产量。

防治方法：加强田间管理；发病初期喷波尔多液 200 倍液。

（四）红麻根线虫病

根线虫寄生在根部，刺激细胞分裂，产生大小不同的根瘤，阻碍养分、水分的吸收，造成植林矮小，叶片发黄、早落，严重时麻株成片枯死。

防治方法：水旱轮作；清除病株麻根并烧毁。

（五）红麻叶霉病

本病主要为害叶片，初期在叶脉间呈多角形绿色或褐色病斑，病斑背面生黑色霉状物，严重时整个叶片布满霉层，引起脱落。本病以菌丝及分生孢子在染病组织中越冬，种子也可带菌。

防治方法：深耕；清除田间病株残体；种子消毒；喷施波尔多液 200 倍液。

（六）红麻灰霉病

本病在四川、贵州、云南一带发生多。本病侵害茎叶、花果，对种子和纤维质量影响较大。麻茎上初为不规则病斑，后变灰褐色，逐渐扩展，表皮干枯，病部着生灰霉状物，后期产生黑色菌核。叶片初为水渍状小斑，以后又产生灰霉。蒴果染病，使种子不成熟或蒴果变褐脱落，病部均长出灰霉状物。

防治方法：参考红麻叶霉病。

（七）小地老虎

幼虫为害幼苗。绿肥地、低洼地、杂草多的田块发生较多。冬暖多雨年份，容易猖獗成灾。成虫体长 21 mm，翅展 40~50 mm，全身和全翅灰褐色，前翅近中央有一个肾状纹。卵半球形，初产时乳白色，卵孵化前灰黑色。老熟幼虫体长 37~47 mm，黑褐色，背上有许多黑色小颗粒。蛹赤褐色，全体光泽无色，尾端黑色，有一对尾刺。南方一年发生 4~6 代。

图 7-10　小地老虎

防治方法：黑光灯诱杀或糖醋诱杀成虫；农药防治。

（八）玉米螟

幼虫孵化后，啮食嫩叶，以后钻入麻梢啮食，致麻梢枯死，造成分枝，影响产量和质量。成虫体长 13~15 mm，翅展 25~35 mm，体背黄褐色，前翅内横线暗褐色，呈波状，外横线暗褐色，呈锯齿状，外缘浅褐色。卵初产时乳白色，渐变淡黄色。老熟幼虫体长 20~30 mm，头深褐色，体背多为淡褐色或淡红色，并有粒状突起，上有毛刺。蛹长 15~19 mm，淡黄色。腹部有 5~8 根钩刺。长江流域一年发生 3~4 代。

防治方法：消灭越冬虫源，如玉米、高粱秆等；农药防治。

（九）小造桥虫

幼虫为害叶片、花蕾、幼果，常把叶吃成孔洞，或吃尽麻叶，妨碍生长，影响产量。

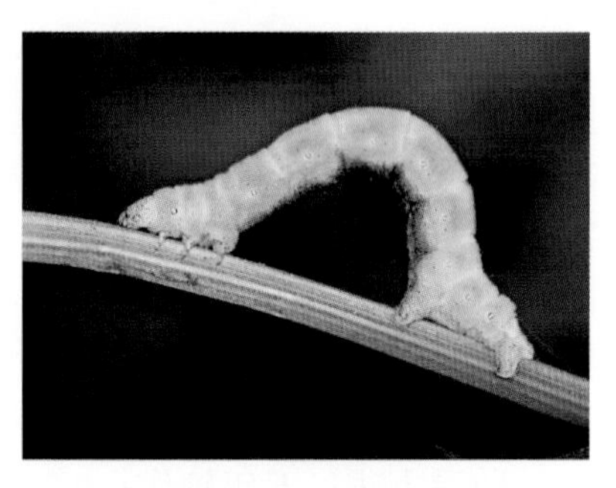

图 7-11　小造桥虫

成虫体长 10~13 mm，翅展 26~32 mm，前翅有 4 条横波纹，内半部为淡黄色，外半部为灰褐色，翅外缘中部向外突出，近前缘中部有一椭圆形白斑。卵扁圆形，青绿色。幼虫有灰绿、黄绿等色，体长 35 mm，胸腹部各节杂生褐色刺毛。长江流域一年发生 4~6 代。

防治方法：90% 敌百虫 1500 倍液，或施用 3% 敌百虫粉。

（十）斜纹夜蛾

长江流域和黄河流域为害严重。除啮食叶片外，还咬食蕾、花、幼果。4 龄幼虫可把全叶吃完，影响麻株生长。

图 7-12　斜纹夜蛾幼虫

成虫体长 16~21 mm，前翅黄褐色，自前缘至后缘有灰白色斜纹，中有两条褐色线纹。后翅白色，有紫色反光。卵初产时白色，后变灰色。老熟幼虫体长 40~50 mm，多数黑褐色，亚背线上缘每节两侧各有一半月形黑褐色斑。蛹长 18~20 mm，棕褐色。长江流域一年发生 4~5 代。

防治方法：诱杀成虫；摘除卵块和初孵化幼虫；喷 90% 敌百虫 1000 倍液。

第三节　亚麻、汉麻病虫害防治技术

一、亚麻病虫害防治技术

东北亚麻的病害以萎蔫病最为严重，是亚麻毁灭性病害之一，其次为锈病和炭疽病。亚麻的虫害有亚麻夜蛾，亚麻跳岬，夜盗虫，朝鲜黑金龟子，姬天鹅绒金龟子等。

（一）亚麻萎蔫病

本病从苗期到收获期都能发生，苗期发生严重。苗期受害，嫩茎凋萎腐坏，接近地面部分倒伏枯死。在生长中后期受害，茎的下部逐渐变褐枯死，根部罹病后变黑，表皮破裂，拔出时根易断，或表皮脱落。

防治方法：五年轮作；0.3% 炭疽福美拌种；消灭田间亚麻残株，收获后深耕；合理施肥；选育抗病品种。

（二）亚麻锈病

亚麻植株孕蕾期开始，在叶片或茎秆下部出现鲜黄色圆形突出的斑点。本病发生与环境有密切关系，适宜温度为 18~22℃，有风多雨时，则大量发生。

防治方法：实行轮作；清除收获后带病残株；清选种子，选留无病亚麻留种；细心清除种子里夹杂的病组织和碎屑；合理施肥，适时早播；选用抗病品种。

（三）亚麻炭疽病

子叶初生暗褐色病斑，逐渐扩大呈椭圆形、圆形，微有同心轮纹，其边缘色深并稍有隆起，最外缘有淡黄绿色的窄环，后期中央呈灰褐色，以至子叶全部变褐后脱落。茎部病斑褐色，呈梭形向内凹陷，后期中央灰褐色，表皮开裂。蒴果变褐，籽粒干瘪。

防治方法：与亚麻萎蔫病同。

（四）亚麻夜蛾

为害叶、花、种子，成虫前翅淡黄色或淡橙黄色，翅的中央有宽而深的横纹，后翅色淡，并有黄白色缨毛，边上有黑色宽纹，纹中部有浅色斑点，翅的前部有黑色斑点。幼虫全身绿色，体长 30 mm 左右。一年发生 2 代。

图 7-13　亚麻夜蛾

防治方法：点灯诱杀；堆草诱杀；农药防治。

（五）亚麻跳岬

亚麻跳岬是一种黑色或蓝色小甲虫，为害麻叶，体长 1.5~2 mm，前翅有光泽。

防治方法：铲除杂草，农药防治。

（六）夜盗虫

夜盗虫的幼虫为害幼苗。幼虫头部黄褐色，背黑色，有 3 条白线，老熟幼虫体长 4.8 cm。

防治方法：灯光诱杀成虫，堆草诱杀幼虫，农药防治。

（七）姬天蛾绒金龟子和朝鲜黑金龟子

姬天蛾绒金龟子和朝鲜黑金龟子为害麻叶。

防治方法：捕杀成虫，农药防治。

二、汉麻病虫害防治技术

（一）汉麻白星病

受害叶沿叶脉发生黄白色或黄褐色小斑点。病斑椭圆形或多角形，长 1 mm 左右，其后病斑扩大，愈合后大至（4~8）mm ×（3~5）mm。最后病斑中央变黑褐色，有黑色小粒点及灰白色粉状物。受害严重时，落叶早，生长受阻，影响产量。本病病菌以菌丝及分生孢子越冬，翌年再发生为害。

防治方法：摘去病叶烧毁；注意排水；发病前喷施波尔多液 2~3 次。

（二）汉麻露菌病（汉麻霜霉病）

受害叶着生黄色斑点，背面有暗灰色的霉，叶片萎缩，严重时枯落，生长受阻碍。本病病菌以菌丝及分生孢子越冬，翌年再发生为害。

防治方法：拔除病株烧毁；初发病时喷洒波尔多液；实行轮作。

（三）汉麻褐斑病（汉麻斑点病）

叶面生圆形或不规则形苍黄色病斑，中央淡褐色，背面密生灰色的霉。

防治方法：氮、磷、钾三要素配合使用，注意通风透光；未发病前喷施波尔多液。

（四）汉麻白斑病

叶片发生圆形或不正圆形白色病斑，病斑上多数形成同心轮纹，上面散生黑色小斑点，病斑直径 3~12 mm。

防治方法：被害叶烧毁或作堆肥；未发病前喷施波尔多液。

（五）汉麻菌核病

茎基部发生灰褐色不正形病斑，渐次扩大，密生黑灰色的霉，受害严重时茎枯死，叶片也可受害，外面产生一层白色毛状菌丝，其上有许多像鼠屎状的黑色菌核。

防治方法：拔除受害植株烧毁；发病前喷施波尔多液 2~3 次。

（六）汉麻跳蝍（麻跳蚤）

成虫食汉麻叶片、花序以及未成熟的种子。我国各地麻区均有发现，在华北、东北为害汉麻幼苗比较严重。成虫体长 2 mm 左右，全体青色，具光泽，翅鞘先端浓赤褐色。腿节非常发达，适于跳跃。在山东等地每年发生 2 代。汉麻跳蝍以成虫在土中或叶下越冬。

防治方法：农药防治，清除田间杂草，幼苗期使用粘胶捕杀成虫，点火诱杀。

（七）汉麻小象鼻虫

为害麻叶、麻梢和腋芽，使麻梢停止生长，从腋芽发杈。麻茎被蛀食后，呈肿瘤现象，受风害易折断，影响纤维产量和品质。成虫为小型甲虫；

体长 2.5~3 mm，呈卵圆形，翅梢表面有细密刻线，形成纵沟 7~8 条，腹部白色，密生白毛。卵椭圆形，无色透明，长 0.1 mm。幼虫为乳白色，体弯曲，长约 3 mm。蛹乳白色，藏匿在自己吐液黏士制成的茧内。

防治方法：农药防治，秋耕时清除田边杂草，消灭越冬成虫；实行轮作。

主要参考文献

[1] 熊和平. 麻类作物高产优质栽培技术 [M]. 北京：中国农业科技出版社，2001.

[2] 陈其本，余立惠，杨明. 大麻栽培利用及发展对策 [M]. 成都：电子科技大学出版社，1993.

[3] 刘飞虎，刘其宁，梁雪妮，等. 云南冬季纤维亚麻栽培 [M]. 昆明：云南民族出版社，2006.

[4] 武跃通. 亚麻高产栽培与综合利用技术 [M]. 呼和浩特：内蒙古教育出版社，1992.

[5] 李宗道. 苎麻高产栽培技术 [M]. 长沙：湖南科学技术出版社，1982.

[6] 中国农业科学院麻类研究所. 中国麻类作物栽培学 [M]. 北京：农业出版社，1993.

[7] 李宗道. 麻作的理论与技术 [M]. 上海：上海科学技术出版社，1980.

8 第八章 麻类作物收获机械

农业机械化是农业现代化的重要组成部分。农业机械在提高农业劳动生产率、加快发展专业化和商业生产，向高效农业转变方面发挥着越来越大的作用。同样，麻类机具在麻类生产中也有着重要的作用。

我国是世界主要麻类作物生产国之一，麻类作物几乎遍及全国。不同的麻类作物其栽培过程和收剥加工农艺有着不同的要求，但在麻类作物的生产环节中，耕地、整地、播种、中耕、施肥、灌溉和植保、运输等作业项目，大多可与其他大田作物机械通用，或适当加以改装即可用于麻类生产，而收获、剥（刮）制、沤洗加工、脱粒及其处理过程等需要采用专用机具。

因此，多年来研制和推广应用了一批麻类生产专用机具，主要包括苎麻的631型、沅江2号和72型刮麻器、86型多功能剥麻器和87型剥麻器；6BZ-400型、6BM-350型、BM-C型等多种剥麻机；以及9FZY-26型苎麻叶粉碎机和FZ031型苎麻壳取绒机等。黄、红麻机具有4 cHM-12型收割机，HR-500型和6HZB-150型等多种剥皮机、HX-380型洗麻机、5TM-350科研用和5TM-500生产用脱粒机，KHM-35型茎秆打捆机等。这些机具填补了我国麻类生产机具的空白，使麻类生产逐步摆脱了繁重的手工劳动，提高了劳动生产率，改善了劳动条件和环境，有力地促进了麻类生产的发展。

第一节　纤维苎麻和饲用苎麻收获机械

一、纤维苎麻收获机械

（一）苎麻茎秆特点与剥制的关系

成熟的苎麻茎秆高 1~2 m，下粗上细，呈圆锥形，基部直径为 10~20 mm，中下部叶片多已脱落。从剥制的角度，苎麻茎秆横断面由内向外可分为麻骨、纤维层与麻壳三部分，它们具有不同的物理机械性能。麻骨质地粗硬，脆弱，抗弯强度小，弯折时易断；麻壳包括表皮与皮层，富含水分，较脆弱，抗弯强度较小，弯折时也较易断；纤维层主要由纤维束与果胶等组成，质地柔韧，抗弯，抗拉强度大，可任意弯折而不断。由于这三部分结构特点不同，在一定的机械作用下，如弯折、挤压等，彼此可以分离。通常麻壳与纤维层连接较紧密，较不易分离，合在一起称为麻皮。

剥麻的基本目的在于由茎秆中清除麻骨、麻壳、叶片、籽实及纤维上的大部分胶汁，分离出可供工业上利用的粗制纤维（原麻）。为此，可以通过一定的机械作用，直接破坏茎秆，剥取纤维；也可以先由茎秆上剥下麻皮，再由麻皮上刮除麻壳，获得纤维。苎麻茎秆由下到上，直径逐渐减小，麻皮与纤维层的厚度逐渐减薄，麻壳、纤维层与麻骨之间的连接越来越紧密，愈不易分离，这些都给机械剥制带来一些困难。充分利用茎秆各部分组织物理机械性能上的不同特点，促使它们相互分离，同时适应茎秆上下变化，完满实现剥麻过程，既保证剥麻质量，又提高工效，减轻劳动强度，是苎麻剥麻机具研究设计上必须考虑的中心问题。

（二）苎麻收获流程及机械

苎麻收获是苎麻生产的一个重要环节，收获质量的好坏不仅决定原麻品质的高低，影响纤维脱胶等加工质量，而且更直接地影响麻农的经济效益。苎麻收获一般包括去叶、剥皮、浸泡、脱壳、去浆、晾晒、分级和打捆等过程。收获作业中，剥皮、脱壳及去浆作业技术要求高、劳动强度大、作业时间长，是关键环节；而去叶、浸泡、晾晒及打捆等作业，操作简单，工作量小，劳动强度低，属辅助作业，所以，苎麻收获中一般按剥皮、脱壳及去浆的方法来划分收获工艺。目前，湖南、湖北等我国主要产麻区，苎麻收获按剥皮、脱壳及去浆的方法不同，分为两种收获工艺。

1. 手工剥制

我国传统的苎麻剥制加工包括剥皮、浸水、刮麻、干燥、分级扎捆、麻绒处理等步骤。

（1）剥皮

苎麻剥皮有扯剥法与砍剥法两种。我国大多数麻区如湖北阳新、湖南沅江、四川大竹等地均用扯剥法，其特点是直接从未刈割的麻株上扯剥麻皮。少数麻区如湖南嘉禾、宜章，广东乐昌，河南等地则采用砍剥法，其特点是在麻地用快刀齐泥砍断麻株，用竹片刮落麻叶，适当分级，每捆 10~15 kg，浸水后剥皮。

图 8-1　扯剥法

图 8-2　砍剥法

（2）浸水

剥下的麻皮要及时浸水，使之饱含水分，麻壳变脆，容易与纤维分离，同时也可浸洗掉麻皮上的泥污和浆汁。浸水时间因气候、水源等情况而有不同，一般浸 1~2 小时即可。二麻时气温高，浸水时间宜短，长了容易烂麻；三麻时气温较低，浸水时间可稍长，最好选流动的清水浸麻，麻皮下搁竹竿，不使麻皮接触污泥，麻皮起水时要将基部摆洗干净，清除乱麻丝。未刮之前最好放在木盆内，上面盖以麻壳，防止吹干。

（3）刮麻

刮麻时主要将麻皮弯折于刀口上抽拉，使麻壳折断并由纤维层上分离出去，获得成片的纤维。我国过去均为手工刮麻，全靠一双手悬空操作，不仅工效低，劳动强度大，而且要求相当熟练的手工技巧，一般不易掌握。包括剥皮在内，一般老麻区人均每日刮制干麻 3.5~4 kg，新麻区仅 1.5~2.5 kg，不能适应刮麻生产发展的需要。新中国成立后，各地麻区群众和科研部门积极研究剥麻机具，取得了很大的进步。在生产上大量推广使用的主要有沅江 2 号、72 型等苎麻刮麻器。

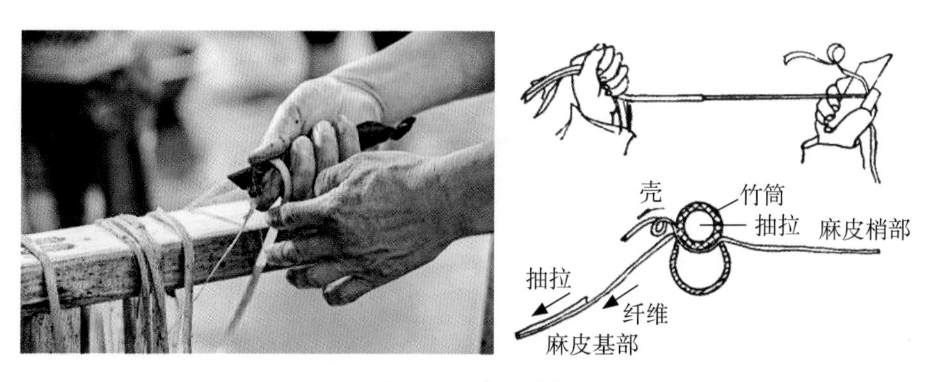

图 8-3　手工刮麻

图 8-4　刮麻（使用 72 型刮麻器）

刮麻器是在手工刮麻原理的基础上发展的，保存了手工刮麻的部分特点，但在操作上已不再是双手悬空抽拉，而是将刮麻刀固定于支架上，只需简单的手拉或脚踏动作，在劳动强度上显著减轻，方法简单易学，工效可提高一倍以上，包括剥皮在内，人均每日可剥制干麻 7.5~10 kg，深受麻区群众欢迎。

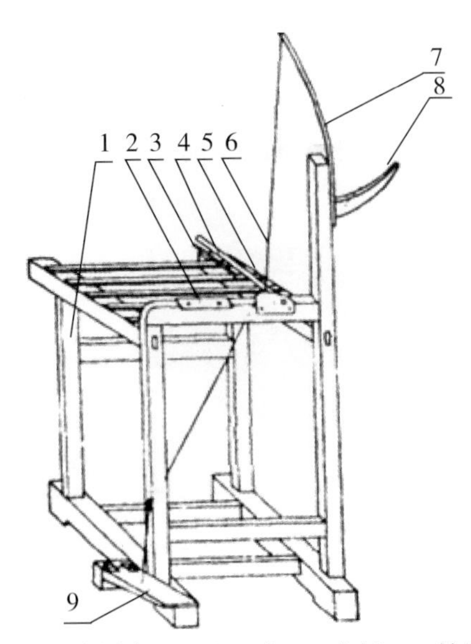

1. 水架　2. 下刀片　3. 压麻圆条　4. 上刀片　5. 夹板　6. 铁丝
7. 竹弹片　8. 挂麻杆　9. 踏板

图 8-5　沅江 2 号刮麻器

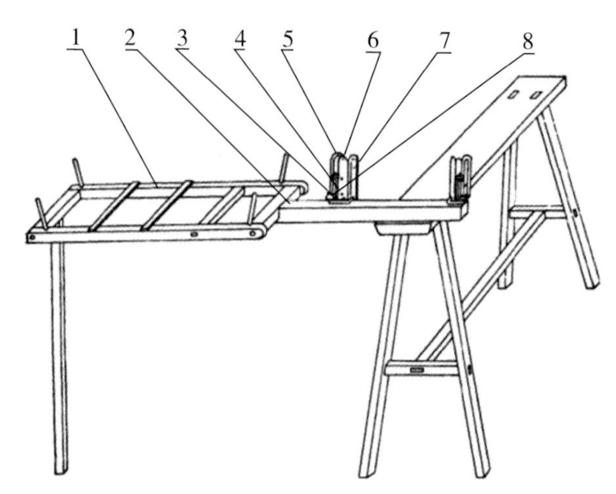

1. 放皮架　2. 木方　3. 橡皮弹簧　4. 刀座　5. 圆条　6. 活动刀片　7. 固定刀片　8. 立轴

图 8-6　72 型刮麻器

（4）干燥

刮好的湿麻要及时干燥，以防霉烂变质，影响拉力和色泽。一般要求原麻天然含水量不超过 13%。目前，大都是靠太阳晒干，故收剥工作最好选择在晴天进行，争取当天剥制的麻当天晒干。剥制前要准备好晒麻场地及木架、竹竿等物。晒麻时，要将麻头理齐、散开、抖直，均匀地晾到竹竿上。晒麻竹竿要迎风搁置，麻头朝风，这样才不易被风吹落，晒到一定程度要用手拌动，以免干湿不匀。

图 8-7　晾晒

（5）分级扎捆

干燥后的苎麻要按收购等级标准分级扎捆。一般按等级在离根端 20 cm 处扎成 1 kg 以上的小束，每个等级的麻束须根齐尾顺，然后捆成 25 kg 重一捆，即可交售。收购部门再按有关要求重新整理打包。

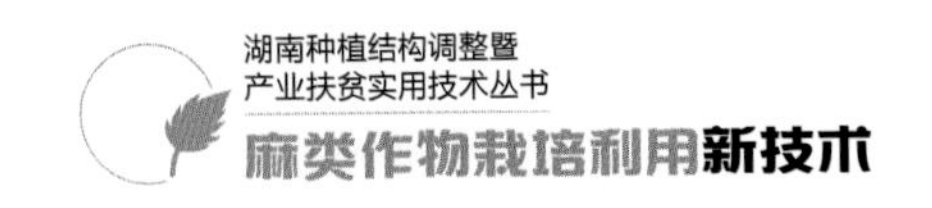

（6）麻绒处理

刮麻时刮掉的麻壳中还含有一些乱麻丝，可加工成为麻绒，作为修造船只的塞缝材料，也可用于造高级纸张或供纺织用。麻绒的加工，首先要将麻壳及时晒干，不让它霉烂。

2. 机械剥制

为了适应苎麻生产发展的需要，进一步提高剥制工效，降低劳动强度，各地有关部门和科研单位积极进行动力剥麻机研究，已取得一定成效。目前在我国麻区使用较多的是中国农业科学院麻类研究所研制的 6BZ-400 型苎麻剥麻机，以下就该机结构、工作原理和使用等介绍如下。

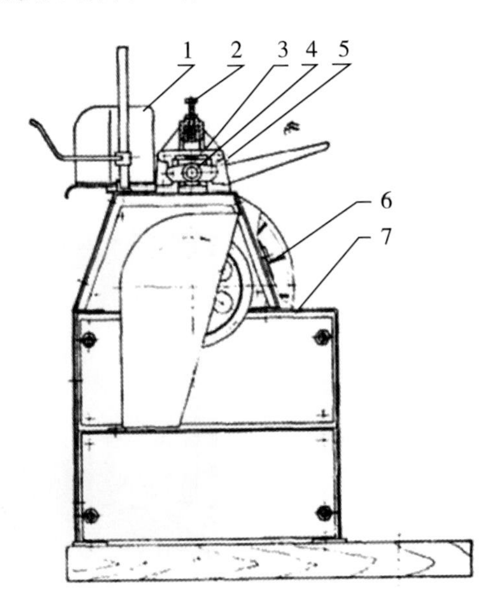

1. 喂料斗　2. 压力调节螺栓　3. 压板　4. 偏心轴
5. 压板座　6. 剥麻滚筒　7. 机架

图 8-8　6BZ-400 型苎麻剥麻机

6BZ-400 型苎麻剥麻机由喂料斗、压板及间隙调节装置、剥麻滚筒、机架、传动及防护等部件构成。压板及间隙调节装置位于剥麻滚筒上方，包括压板、压板座、压力弹簧、偏心调节机构等。压板表面为船底形，两端装入压板座内，中间穿过一偏心轴，通过左侧压板座上的调节杆可改变偏心轴位置，使压板上下位置变动，以调节压板底面与剥麻滚筒的间隙，通过左、右压板座上的螺栓来调节压力弹簧对压板的压力，使剥麻间隙能适当浮动，以适应茎秆粗细变化。剥麻滚筒由一对带有防缠挡板的滚筒盘、16 块角钢打板、主轴和三角皮带轮构成。滚筒直径为 400 mm、工作转速为 600~800 r/min。剥麻间隙可根据茎秆粗细调节到 0.15~0.30 mm。此机结构较简单，机形紧凑，机重约 120 kg，配套动力 2.21~2.94 kW。

该机以鲜茎为原料直接加工成粗制纤维，省去了剥皮工序。其剥麻过程主要利用苎麻茎秆中纤维层与麻骨、麻壳在物理机械性能上的不同特点，茎秆被喂入机内，在压板的支承下，受到高速旋转滚筒打板的连续刮打、挤压，麻骨与麻壳被击成碎屑沿滚筒切向抛出，而纤维反向拉出，同时得到进一步清理。

6BZ-400 型苎麻剥麻机 2 人操作，每小时产干麻 10 kg 左右，比手工刮麻提高工效约 6 倍，比刮麻器提高工效约 3 倍；剥麻质量符合纺织要求，适于苎麻种植专业户或麻场使用。使用过程中应注意维修，轴承及各活动部分应注意加油润滑，螺栓应经常检查、紧固，每班工作后，要将机器内外清理干净，每季麻用完后，要彻底清理，工作面如磨损严重，影响剥麻质量时，应将压板拆下，用锉刀把工作面仔细修磨平直，而后以压板工作面为基准，将间隙调小，逐块检查打板，将工作面修磨平直，直至各部分间隙均匀一致，恢复机器原有性能为止。

二、饲用苎麻收获机械

饲用苎麻产业化发展已取得了一定的进展，但是机械化收获水平相对滞后，成为制约其产业发展的重要瓶颈。饲用苎麻机械化水平低，其中一个很重要的原因为苎麻是韧皮纤维作物，其茎秆与叶片中含有大量纤维，纤维内部含有麻骨，机械化收获难度较大，加之饲用苎麻生物量大、收获季节短，以致饲用苎麻对收获加工机械的工作性能和作业效率有很高的要求。实现饲用苎麻机械化收获可以减轻农民的劳动强度、提高生产效率，对推动产业发展、保障粮食安全具有重要意义。

当前，欧美、日本等发达国家机械化程度高，已经基本上实现了主粮全程机械化作业，随着科学技术的不断进步，国外的收获机械正向着大型化、专业化、智能化方向发展。苎麻是我国传统特色经济作物，国外少有种植，因此在苎麻机械化收获方面的研究较少见。近年来，我国南方地区饲用苎麻发展快速，吸引了国内一些高校、科研院所、企业对此领域展开研究。在目前饲用苎麻收获环节中主要有以下几种方式：一是采用人工收割；二是采用现有玉米、油菜等作物联合收获机械进行作业；三是采用了最新研制专用苎麻收割机。现行市场上青贮收获机械种类有几十种之多，以下主要介绍几款研制出的苎麻收获机械：

（一）4LMZ-160 履带式苎麻收割机

农业部南京农业机械化研究所自 2009 年开始就着手苎麻收割机的研究工作，主要针对国内纤用苎麻的物理特性及种植特点，研制了 4LMZ-160 履带式苎麻收割机。这款履带式苎麻收割机主要由履带式底盘、扶禾装置、分禾器、自动升降割台机架、割刀传动装置、纵向强制输送装置、横向输送机构、集秆箱、液压系统和电气控制系统组成。该机器使用双刀割台，已能实现苎麻的田间收获，并能将收割后的麻秆横向输送至集秆箱。

图 8-9　4LMZ-160 履带式苎麻收割机

（二）4QZ-2.0 型履带自走式苎麻收割机

4QZ-2.0 型履带自走式苎麻收割机由湖南德人牧业集团、中国农业科学院麻类研究所、益阳资江收割机厂共同研制。该收割机的割幅宽度达到 2.0 m，在农田可以行走自如，可灵活调节收割高度，可实现饲用苎麻的田间收割及茎秆切碎，最后将切碎的材料经夹持传送装置输送至集麻箱中，工效可达到 0.13~0.27 hm^2/h，对照人工收获提高工效 20 倍以上，适合大规模、平地作业。

图 8-10　4QZ-2.0 型履带自走式苎麻收割机

（三）4LZ-130 圆盘切割式苎麻收割机

4LZ-130 圆盘切割式苎麻收割机是由中国农业科学院麻类研究所与益阳资江收割机厂联合研发而成。该机器采用双圆盘切割方式，在切割装置上装有拨杆，利用切割装置自身的自转带动拨杆实现拨麻的效果。在行走方式上，采用履带式行走方式，割幅宽度为 1.3 m，能够实现饲用苎麻的收割及将割断的麻株定向拨倒。

图 8-11　4LZ-130 圆盘切割式苎麻收割机

（四）4GM-185 型饲用苎麻收割机

中国农业科学院麻类研究所联合佳木斯东华收获机制造有限公司，在现有茎秆收割机基础上，研制改装了 4GM-185 型饲用苎麻收割机。该收割机由 XJ-502LT 型轻型履带式拖拉机提供动力，行走速度范围 0~12 km/h，行走幅宽 1.6 m，履带宽度 350 mm，工作幅宽 1.8 m，割台高度可自由调节。机器装配后，试运行后进行了田间试验，样机采用高脚履带式拖拉机为动力，田间通过性较好；当机械动力输出速度为 540 r/min 时，茎秆切口质量不理想，当动力输出速度为 720 r/min、样机行走速度大于 1.5 m/s 时，茎秆切口质量较好。

图 8-12　4GM-185 型饲用苎麻收割机

第二节　黄麻、红麻收获机械

黄麻（红麻）的栽培以获取纤维为主要目的，收割以后还要进行剥制和沤洗，才能获得可供纺织工业等利用的原料。黄麻（红麻）的收割、剥制、沤洗工作季节性强，收割、剥洗不及时，将影响纤维的品质和产量，往往丰产不能丰收。因此，在生产中逐步以机器代替手工进行收、剥、洗作业具有重要意义。

我国黄麻（红麻）剥制机械的研制开始于 20 世纪 50 年代中期，当时有关单位在进口样机的基础上进行了试验改进。20 世纪 70 年代初到 80 年代初，先后研制出收割、剥制、洗麻等机具，并在生产中逐步推广使用。

一、收割机械

黄麻（红麻）要求在工艺成熟期适时收割，以达到优质高产。我国手工收割有砍麻和拔麻两种方法。采用何种方法，主要由麻区的土壤、麻的品种、耕作制度等决定。总结我国手工砍麻方法，主要是低割茬，切割整齐。不管是砍麻或拔麻，手工操作均较吃力，工效低，一般每人每天只能砍或拔麻 0.5~1 亩。因此在 20 世纪 70 年代中期，我国进行了黄麻（红麻）收割机的研究，并已研制成 4GHM−12 型黄、红麻收割机。

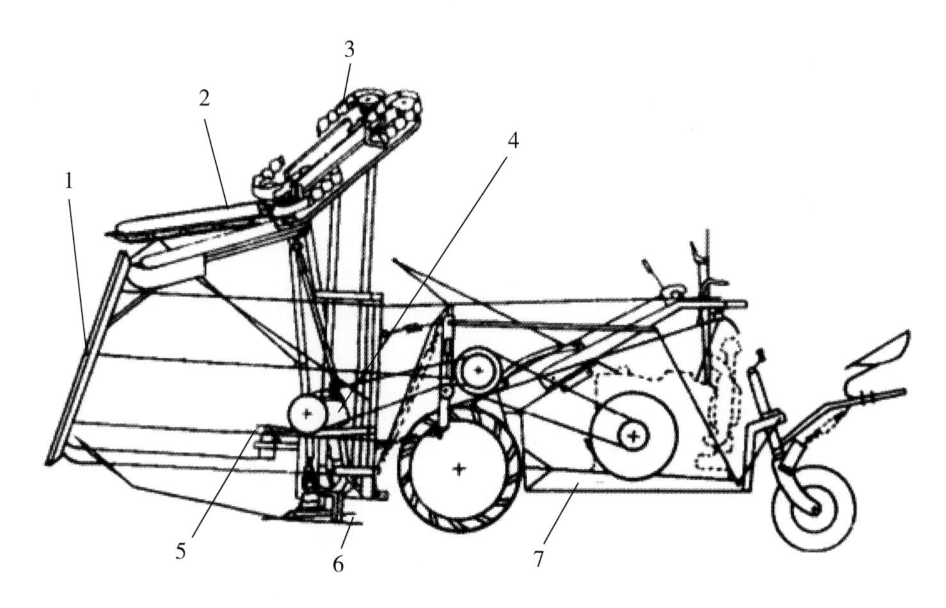

1. 分行器　2. 扶麻器　3. 波形夹持带　4. 传动装置
5. 下拨指输送装置　6. 刀盘　7. 动力机架

图 8−13　4GHM−12 型黄麻、红麻收割机

4GHM-12 型黄、红麻收割机与东风 -12 型手扶拖拉机配套使用，前悬挂、发动机后置。全机主要由机架、升降操纵、变速转动、分行扶麻、切割及夹持输送装置等部分组成，其结构如下。

1. 机架及升降操纵装置

机架由角钢焊接而成，用四根可调节长度的平行连杆挂接在拖拉机上。升降操纵装置由操纵杆、升降臂、钢丝绳和拉伸弹簧等组成，通过它们之间的配合运动控制机器的升降。

2. 变速传动装置

手拖动力经离合器外侧附加的皮带轮传入，再经三角带、齿轮箱、万向节、花键轴等传动各工作部件。动力的离合在机器升降时由张紧轮控制。

3. 分行扶麻装置

有左、右两套机构，分别由分行器和扶麻器组成。分行器由钢管框架和前挡板组成，左分行器还装有三层可调节分行开关的挡杆。扶麻器为伸缩拨指链式，可以有效地防止麻株回缠和不拨动未割麻株。

4. 切割装置

主要由仿形托板和圆盘割刀组成，圆盘割刀与地面成 3° 左右的前倾角。圆盘割刀为钢板制成的凸形圆盘上固定切割刀片构成。切割装置可随地面高低而浮动，以达到低割茬。

5. 夹持输送装置

包括上、下两层夹持输送装置。上夹持输送装置为一对互相啮合的链条波形带，它是由两条挠性波状胶带和连接链条组成，靠链条异形链节上安装的许多相互啮合的波状环夹持输送麻株。这种装置的优点是结构较简单，并且不损伤麻皮。链条波形带通过安装板、U 形管等固定在机架上。下输送装置为一链条拨指输送器，它与上夹持输送装置互相配合，以保持麻株的直立输送。

机组作业时，分行器将行间交错的麻株分开，扶麻器将其引导至切割器，在麻株被切断后，立即被链条波形带夹持，在下拨指链的共同作用下，将麻株送至机外，条放在已割田间。该机一人操作，工效可达 1~2 亩 / 时，比手工砍麻提高工效 10 倍以上。机割平均割茬不大于 25 mm，铺放较整齐，能基本满足我国黄麻、红麻收割的农艺要求，可在种植集中、地块较大、栽培管理较正常的麻区推广使用。

4GHM−12 型黄、红麻收割机结构简单，操作容易，维修方便，用于条播质量较好的麻田，其效果更为明显。但在笨麻、死麻较多的情况下，适应性不够强。

二、剥制机械

首先从麻株上剥下麻皮再行沤洗，目前我国麻区多为手工剥皮或使用简易剥皮器剥皮。

手工剥皮工效低，每人每天一般只能剥鲜皮 100 kg 左右，而且劳动强度大。为解决剥皮问题，麻区群众创制了多种形式的简易剥皮工具，提高了生产效率。如广东、浙江、山东等省麻区创制珠江 1 号，党山 1 号、12 号剥皮器和剥皮板等，都曾在生产中使用了一定数量，其中剥麻板在山东麻区使用较为广泛，颇受群众欢迎。近年为适应农村生产体制的改变，满足农民对小型机具的要求，又研制了立式双辊黄麻（红麻）剥皮器，较剥麻板操作省力，提高工效，受到麻农欢迎。

不论是手工剥皮还是用剥皮器剥皮，其工作原理是一致的，也是动力剥皮机的设计依据。

根据我国各麻区剥制黄麻、红麻的不同工艺要求，研制的剥皮机出现了两种类型：一种是碎骨式剥皮机，即在剥皮过程中需将麻骨打断成许多小段，以获得麻皮，该类型以 HB−500 型黄麻、红麻动力剥皮机为代表；另一种是整骨式剥皮机，即在剥皮过程中基本保持麻骨完整的情况下分离出麻皮。两种类型均已有定型产品供生产推广使用。

（一）HB-500 型黄、红麻动力剥皮机

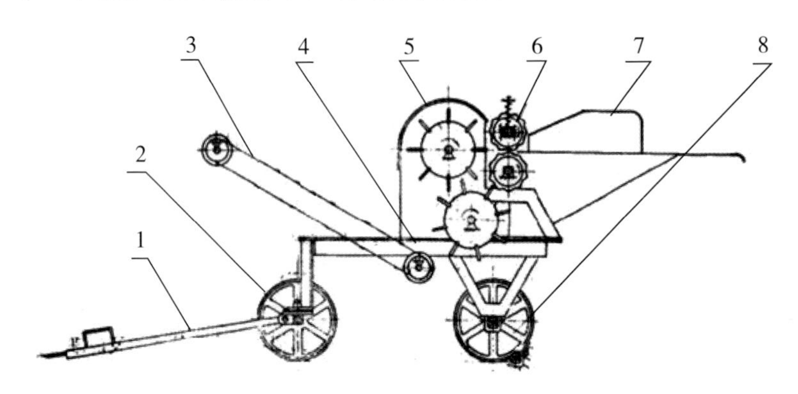

1. 牵引架　2. 前轮　3. 输送带　4. 机架　5. 剥皮滚筒　6. 压辊　7. 喂料斗　8. 后轮

图 8-14　HB-500 型黄麻、红麻动力剥皮机

HB-500 型黄麻、红麻动力剥皮机主要由喂麻、剥皮、输出、机架、传动、行走和操纵等部分组成。

1. 喂麻部分

由喂料斗和一对波形压辊组成。喂料斗由钢板制成。上压辊轴承为一滑块，可沿压轴座上下移动，其中有压力弹簧，可根据所剥麻茎的大小用螺栓适当调整强压力，以保证良好的辗压效果。

2. 剥皮部分

由一对剥皮滚筒组成，每个滚筒装有 8 块硬聚氯乙烯打板。下滚筒向前倾斜，两滚筒中心连线与垂直线夹角为 18.5° 。滚筒两侧装有防缠护罩，防止麻皮缠在滚轴上。

3. 输出部分

在帆布带两侧固定平皮带构成回转输出带，帆布表面装有木条，以利于将麻骨送至机外。麻皮的输送。输出带由带架和上、下带轮及轴支撑。输出带运动时将剥制出的麻皮及一部分麻骨送至机外。输出带两侧装有橡胶板制成的护板，用以防止麻皮缠绕带轮轴。

4. 机架部分

由钢板加工成左、右侧板，固定在角钢焊制的矩形机架上，用以固定机器的各零部件。

5. 传动部分

动力由下剥皮该筒轴上的皮带轮传入，经齿轮传动上剥皮滚筒轴，另经三角带传动下压辊轴与下输出带轮轴。下滚筒轴上的锥形摩擦离合器便于机器的短暂停车。

6. 行走部分

由前、后轮装置组成，机架即支撑在两轮轴上，前轮有转向机构，便于田间短距离移动。

7. 操纵部分

由拨叉、离合拉杆、离合盒及操纵手柄组成，用来控制剥皮机与动力的接合与分离。

剥皮机工作时，麻茎经过压辊辗压，皮与骨的联结受到初步破坏，得到初步分离。继而在压辊的夹持下，再受到剥皮滚筒打板反复弯曲打击，麻骨打断，由于压辊与剥皮滚轴的速度差，使麻骨从麻皮上分离下来，由此得到干净的鲜皮。HB−500 型黄麻、红麻动力剥皮机以 5~7 kW 动力带动，4~5 人操作，每小时可剥鲜皮 500 kg，比手工剥皮提高工效 5~8 倍。同时减轻了劳动强度，机器可在田间工作，减少了运输量。

HB−500 型黄麻、红麻动力剥皮机适用于黄麻、红麻，但剥长果种黄麻的效果不及红麻和圆果种黄麻，它适宜剥工艺成熟期的麻，也可剥留种麻，但含杂率较高，缺点是出的麻皮梢部含有少量麻骨。由于该机将麻骨打碎，只适宜在对麻骨无一定要求的地区推广使用。在 HB−500 型黄麻、红麻动力剥皮机的基础上，湖南、广西麻区分别研制了 6HB−300 型和 6BM−290 型动力剥皮机，与当地动力配套使用。

（二）4BMH−100 型剥皮机

该机结构比较简单，机械化程度较高，能适应浙江等地黄麻、红麻的剥皮要求。全机包括夹麻、剥皮两部分。剥皮时，麻株连同麻根一起喂入三对差速夹麻辊间，进行夹熟。然后沿着输送管自动地送至剥皮机构中，并由挡板定位。麻秆由二拨杆定时拨入，被剥皮圆盘上的打杆在中间打断，并将麻皮上拉，而后麻皮被夹钳夹住。剥皮圆盘逆时针方向旋转时，将基部、梢部麻皮从麻骨上拉下，麻皮自动落在机架下方。麻骨成两段，各自沿着导向轮切线方向抛出，落在机器两侧。该机用 4.5 kW 电机带动，4 人操作，每小时可剥鲜皮 210~240 kg。但该机震动较大，零部件易松动。

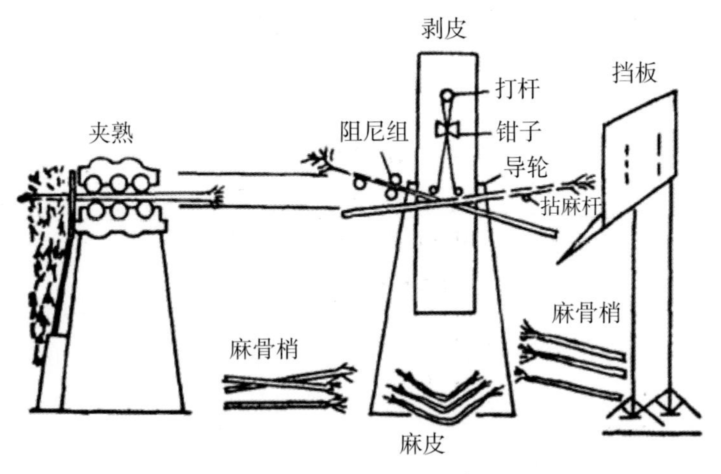

图 8-15　4BMH-100 型剥皮机

（三）4BM-27 型整骨集放式剥皮机

该机特点是配套动力小，结构紧凑，制造容易，操作方便，一般每小时可剥黄、红麻 0.16 亩。同时机器性能稳定，工作质量好，剥出的麻皮不伤纤维，自动集齐。机器主要由喂入机构、开麻口滚刀、打麻轮、夹拉分高机构、麻皮整集机构和定时控制机构等组成。

工作时，将麻株基部从导麻槽喂入，通过调节喂入器使麻株基部中心对正刀刃，由滚刀开口，送入打麻轮工作区，将基部长 150~180 mm 部分的麻骨打碎去掉。该段麻皮下垂后，接着由摇动输送架下摇，将其送入两夹拉胶辊之间，二胶辊立即啮合，将麻皮下拉，实现整株皮与骨的分离。分离下来的麻骨向前抛出机外，麻皮经整集机构整集在集麻架上，达到头尾分清。

该机所需动力为 1.5 kW 电机，2 人操作。利净率 95% 以上，整骨率不低于 90%。其缺点是麻皮基部 100 mm 范围内含有少量碎骨，须在整集麻皮或洗麻时注意清除。

（四）6HZB150 型黄麻、红麻整骨剥皮机

机器特点是仅用一对工作辊即完成了剥皮的全过程，在保证剥皮质量的前提下，机构简单，成本降低。该机由机架、打击轻筒、胶辊、滑板、输送带和传动等部分组成。以 2.2 kW 电机带动，2 人操作，每小时剥鲜皮 150~250 kg。

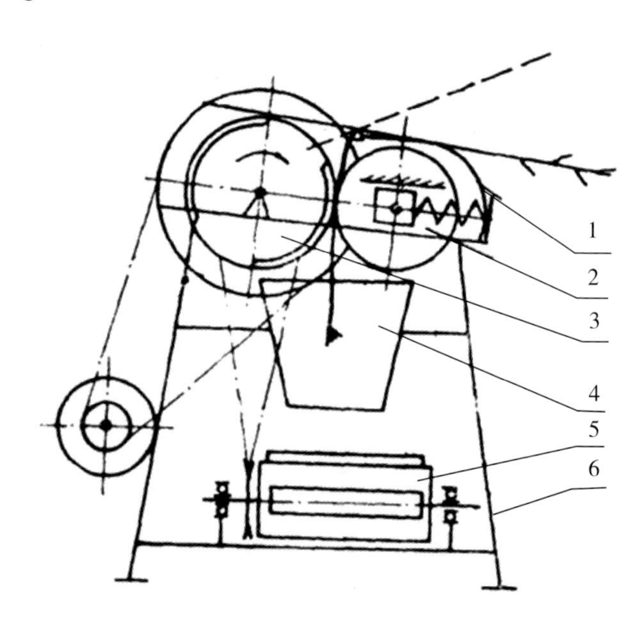

1. 喂入罩壳　2. 胶辊　3. 打击辊筒　4. 滑板　5. 输送带　6. 机架

图 8-16　6HZB150 型黄麻、红麻整骨剥皮机

工作时，操作者手持麻株将基部喂入打击辊筒的方孔内，旋转的打击辊筒将基部麻骨打断。与此同时，操作者将麻向下压，并略加扭转，使麻骨从麻皮的裂缝中露出。麻株基部受到打击辊筒的多次打击、挤压和刮擦，皮与

骨得到分离，进入胶辊与打击辊筒之间，随着二辊的运转，整株麻皮则被抽拉下来，随同碎麻骨由滑板落至输送带上，再送到机外。分离出的整株麻骨从打击辊筒上方窜出。

三、洗麻机械

经整株沤浸或剥皮沤浸所得的麻皮，只有在沤浸适度时进行洗麻，才能得到品质优良的洁净纤维。我国许多麻区使用了洗麻机洗麻，可以 HX-380 型黄麻、红麻动力洗麻机为代表。此机在推广使用过程中，各地虽有改革，其基本结构仍大体一致。

HX-380 型黄麻、红麻动力洗麻机主要由机架、传动、洗麻机构、供水装置及防护罩等部分组成。

一般以 10~12 人操作为宜，其分工为：洗麻 4 人、递麻 4 人（可与洗麻者轮换）、捞麻及晒麻 2~4 人。洗麻时，操作者手持麻皮基部喂入，再从一洗麻滚筒之间反拉出来，接着调头，将麻皮梢部以同样方法喂入和反拉出来，即完成手麻皮的洗制。应注意两次喂入部分要有适当重复度，以保证麻皮全部洗干净。

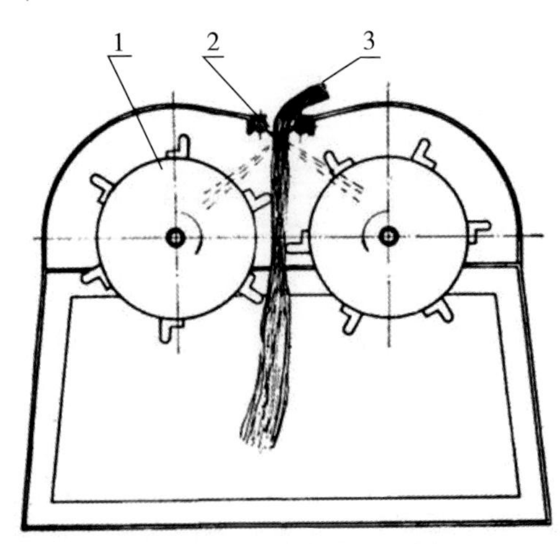

1. 洗麻滚筒　2. 喷水管　3. 麻把

图 8-17　HX-380 型黄麻、红麻动力洗麻机

使用中还应注意以下几点：

（1）工作时不要将麻绕在手上，以免发生滚筒缠麻时来不及松手，造成安全事故。

（2）工作中如发生缠麻，应立即松手，待停机后将麻取出。机器运转中不得用手或其他物件清理残渣和缠麻。

（3）洗麻时的反拉速度要均匀。洗基部反拉速度不但要均匀，而且速度可稍慢，洗梢部要稍快。遇到洗不干净的情况可反复反拉几次。

（4）麻皮的沤浸程度应较手工洗麻的偏生，以保证供麻质量，减少损失。

使用洗麻机还应注意场地的选择和机器的安装。一般洗麻场地应选择在水源方便的塘边，洗麻机距水面的垂直高度以不超过 3 m 为宜。安装时，应先在洗麻机下方沿滚筒轴方向的地面挖一条 5～15 cm 深，向一侧倾斜的排水沟。为保持水源清洁和积肥，可将污水引至积肥坑。经沉淀后再回流到水源。若长期固定作业，应在操场地 6 m^2 的范围内用砖石或砂铺平，以免地面泥泞，造成不便。

第三节　亚麻、汉麻收获机械

一、亚麻收获机械

纤维亚麻的收获过程由下列作业组成：拔取，即把茎秆从土壤中拔出来；捆束；用梳刷或压扁的方法来脱粒；将原茎进行露浸和水浸，以获得干茎；将干茎加工成纤维。按照纤维亚麻拔出后的干燥和制备干茎的方法，其加工工艺过程可分成两类，即雨露浸法和水浸法。

在雨露浸法亚麻产区，将亚麻拔出后捆成小束，放在田里 10～15 天，进行干燥，脱粒后将亚麻原茎摊在田地上，在雨露的作用下浸渍（露浸）以制造干茎。

在水浸法亚麻产区，把刚拔出来的亚麻立即进行梳刷，然后将原茎浸水，用来制造干茎。该区域如有大量的水塘，气温高，可放到水塘中进行浸渍。另一种是工厂化水浸，车间里建有水池，进行温水浸渍。采用水浸法，浸水和以后的干茎干燥工作，需要很大的劳动量，工厂化水浸法投资很大，所以近年来这种方法已少用。

由于露浸法和水浸法中亚麻的收获和加工作业的顺序不同，因此，必须研制不同的收获机械。

露浸法亚麻收获采用下列机器：

（1）拔亚麻机。用来拔取亚麻茎秆并把这些茎秆摊在田里成为连续不断的条带。收集茎秆并捆成小束，然后堆成竖堆。

（2）亚麻脱粒机。先采用梳刷或压扁花序、碾压花序，然后进行清选种子。可采用简式或复式亚麻脱粒机。简式亚麻脱粒机只把茎秆上蒴果梳落下来，至于碾轧蒴果并从中取出种子等作业，则由亚麻碾种机来完成；而采用复式亚麻脱粒机可以完成全部脱粒和选种作业。

水浸法亚麻收获通常采用下列机器：

（1）亚麻联合收获机（4MBL-1.5 型亚麻联合收获机）用来拔取茎秆，从茎秆上梳落蒴果，将梳落下来的蒴果收入袋中，把梳刷后的茎秆捆成小束。

（2）亚麻碾种机用来把亚麻蒴果中的种子碾轧出来，再从大小夹杂物中把种子分离出来并把种子分级。通常采用日光晾晒或 SYS-480 型通风式干燥机来干燥梳落下来的蒴果。

亚麻拔取期为 8~10 天。如果延长拔麻时期，通常会造成种子损失并降低亚麻纤维的质量。用拔亚麻机收获时，为了提高劳动生产率，可以采用带有捆束装置的拔亚麻机。对拔亚麻收获机的要求为：茎秆通过机器时，不会受到损伤，茎秆的平行度也不会被破坏。拔净率不应小于 99%。茎秆的梳净率不应小于 98%。

4FZ-140 型自走式亚麻拔麻机：针对亚麻收获条件复杂、人工拔麻劳动强度大、费用高、效率低和收获时间长等生产实际，研制了适应亚麻机械化收获的 4FZ-140 型自走式亚麻拔麻机，重点解决了快速有序无损伤拔麻技术、柔性夹持输送及铺放技术，研究了分禾机构、拔麻台、铺放装置结构和技术参数。经田间试验和生产考核表明，研制的自走式亚麻拔麻机具有操作简便、工作可靠、拔取亚麻铺放有序以及能收获倒伏严重的亚麻等显著特点。

5TYM-400 型亚麻脱粒机：针对亚麻种子脱粒难，尤其是以温水沤亚麻为主的麻农更是苦不堪言的现象，黑龙江省农业机械运用研究所研制出了一种适合我国国情的亚麻脱粒机。据生产试验表明 5TYM-400 型亚麻脱粒机与传统的脱粒方式（人力摔打或车轮碾压等）相比具有脱净率高（90% 以上）、破损率低（低于 1%）、生产效率高、不损伤原茎及结构简单、维修保养方便等特点，深受亚麻种植户的喜爱。

4MBL-1.5 型亚麻联合收获机：由黑龙江省东华收获机械制造有限公司生产的 4MBL-1.5 型亚麻联合收获机，适用于亚麻、胡麻黄熟初期和黄熟期的拔取、秆端梳理（即脱果）并将麻秆铺放在田间晾晒，其脱出的亚麻蒴果被收集在跟随的拖车中，该机与东方红-75/802、铁牛-55、JDT-654 等拖拉机配套使用，采用侧牵引式挂接、作业，运输方便，该机结构设计紧凑，使用性能先进，适应性强，生产效率高。

二、汉麻收获机械

目前工业汉麻机械化收获主要有分段和联合两种收获工艺。所谓分段收获是指整个收获作业过程分不同阶段完成，主要机具包括工业汉麻收割机和剥制机；联合收获则是一次性完成收割和剥制作业，主要有全喂入和半喂入两种类型的机具。人力收获汉麻需要很多的劳动力，国外一些国家早在 20 世纪 40~50 年代就研究和使用收获汉麻的机械。

近年来，我国工业汉麻种植快速发展，吸引了许多高校、科研院所、相关企业对工业汉麻收割和剥皮机械化开展研究，并取得了一定的突破和进展。如4M−85型和4GM−2.2型工业汉麻专用割晒机，前者收割效率能够达到0.4~0.53 km^2/h，大大提高了收获效率，满足了汉麻的收割要求。南京农业机械化研究所李显旺研究员从2014年开始对工业汉麻收获技术进行研究，利用履带式苎麻联合收割机，对工业汉麻进行田间收获试验，切割率达到93.5%，平均生产率为0.94 hm^2/h，作业性能指标达到基本要求。

针对我国工业汉麻种植分布广、面积小，加上地形复杂与地理位置的特殊性等开展微型工业汉麻收割机的研究与开发，提高收获效率和降低劳动成本，对工业汉麻产业的发展具有重要的现实意义。微型工业汉麻收割机的特点是结构小巧、操作灵活、转移方便和价格低廉等，能够较好地适应我国小农户、分布广而散的汉麻种植模式，顺应时代发展需要和市场需求。

主要参考文献

[1] 李宗道. 麻作的理论与技术 [M]. 上海：上海科学技术出版社，1980.

[2] 武跃通. 亚麻高产栽培与综合利用技术 [M]. 呼和浩特：内蒙古教育出版社，1992.

[3] 陈其本，余立惠，杨明. 大麻栽培利用及发展对策 [M]. 成都：电子科技大学出版社，1993.

[4] 熊和平. 麻类作物高产优质栽培技术 [M]. 北京：中国农业科技出版社，2001.

[5] 邓剑锋，阳尧端. 苎麻生产工艺及剥制机械的研制 [J]. 农业机械，2009（6）：87−91.

[6] 刘佳杰，马兰，周韦，等. 饲用苎麻机械化收获发展现状·问题·对策建议 [J]. 安徽农业科学，2017，45（18）：173−175.

[7] 卜繁超，安向旗，姚秀芳. 亚麻生产机械化简述 [J]. 新疆农机

化，2002（4）：13-14.

[8] 张印生，谢宏昌，陈丽芬. 5TYM-400 型亚麻脱粒机 [J]. 现代化农业，2006（5）：41.

[9] 安向旗，卜繁超，李永会. 4MBL-1. 5 型亚麻联合收获机结构与使用技术 [J]. 新疆农机化，2002（4）：15-16.

[10] 高立辉，曹海峰，张立明，等. 4FZ-140 型自走式亚麻拔麻机的研制 [J]. 农机化研究，2009，31（6）：69-72.

[11] 唐斌，李显旺，袁建宁，等. 工业大麻微型收获机械的技术与发展分析 [J]. 中国农机化学报，2018（2）：17-21.

9 第九章 麻类作物脱胶技术

麻类的胶质是指包被在纤维细胞表面和镶嵌在纤维细胞之间或细胞壁内以及沉积于细胞腔内的果胶、半纤维素、木质素、水溶物、脂腊质等非纤维素物质。脱胶就是通过各种处理除去这些非纤维物质，以获得纯净纤维的初加工过程。麻类纤维的脱胶方法可归纳为生物脱胶、化学脱胶和机械脱胶。

生物脱胶和化学脱胶的关键在于掌握脱胶程度，尤其是作为纺织工业原料时，脱胶程度更是严格。脱胶过度，使纤维素受到破坏，强力显著降低，甚至丧失强力。脱胶不足，则纤维粗硬，束纤维没有很好地分离，难于漂白，不适于纺织或只能纺制低级织物。脱胶适度，则纤维分离均匀，松散柔软，纺织价值高。机械脱胶的关键在于掌握刮制适度，要求除净包覆组织，并除去大部分果胶、木质素和未成熟纤维，但又不能打击次数过多，使纤维耗损过大，纤维强力降低。因此，我们必须掌握各种麻类的不同特性，每一加工过程中原理及其技术要点，保证产品质量，保持纤维的良好物理性能，提高产品的使用价值。

第一节 苎麻脱胶技术

我国早在3000多年前的《诗经》里就记载了可以用池水沤制的方法进行苎麻微生物脱胶。在长沙马王堆一号汉墓和湖北江陵凤凰山西汉嘉出土的苎麻布和麻絮，经分析已经证明纤维上附有钙离子，并且绝大多数纤维是单个分离状态，充分说明2000多年前我国秦汉时期用石灰进行化学脱胶的技术已经比较成熟了。在宋、元时期，还盛行半浸半晒、日晒夜收的方法，靠日光紫外线把纤维中的杂质和色素氧化，起到漂白的作用。

现代的苎麻脱胶，可分为化学脱胶和生物脱胶两种。

一、化学脱胶

苎麻化学脱胶具有去除胶杂质彻底、不损伤苎麻纤维、高效等优点，但还有成本高、能耗高、降低纤维产量和品质、环境污染严重、操作存在很大的安全隐患等缺点。

（一）化学脱胶的基本原理

苎麻化学脱胶的基本原理就是利用纤维素和非纤维素成分对碱、无机酸和氧化剂等的稳定性不同，在不损伤苎麻纤维原有物理机械性质的原则下，去除一切胶杂质，而保留纤维素成分的化学加工过程。可以说，苎麻化学脱胶过程实质上乃是精制苎麻纤维素的过程，为了弥补化学药品作用的不足，往往在脱胶工艺中还辅以一定的机械物理作用过程，旨能达到工业上脱胶的要求。

（二）化学脱胶工艺

1. 预处理工艺

原理是基于半纤维素和果胶分子的聚合度远较纤维素大分子低，它们的水解常数、吸湿度、润胀度又都较纤维素高，故在一定温度条件下易被稀酸水解除去。

2. 碱液煮炼工艺

脱胶的大部分化学反应要在煮炼中完成，各种非纤维素物质在煮炼中发生溶解、裂构、皂化、乳化等复杂的化学反应而被除去，果胶、半纤维素被碱液分解，变成甲酸、二酸、羟酸及少量单糖。煮炼又分为一级煮炼和二级煮炼两种工艺。国内大多采用二煮法，将预处理的原麻装入煮锅以后，先加入上一锅麻的煮炼碱液，煮炼一定时间后将碱液放掉，锅中的麻用冷、热水冲洗后加入新碱进行第二次煮炼。

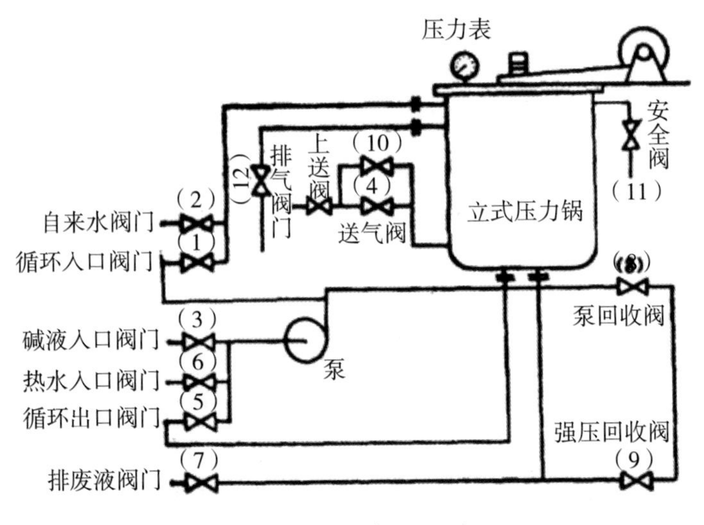

图 9-1　化学脱胶设备

3. 后处理工艺

后处理的目的就是要进一步除去黏附在纤维上的胶质，弥补碱液煮炼之不足，改善纤维的机械性质，提高纤维的柔软性、分散性及可纺性，改善纤维的色泽及表面性质。后处理包括打纤、酸洗、漂白、精炼、给油、烘干等工序。

（1）打纤：就是利用木槌的机械打击力度及高压水柱的冲洗作用，除去吸附在纤维表面的残胶，使纤维松散，色泽洁白。

（2）酸洗：是将打纤后的苎麻纤维放在酸洗槽中漂洗的过程，目的是中和留在纤维上的残胶，除去有色物质，使纤维洁白。

（3）漂白：通过漂白可以改善纤维的亲水性和润湿性，改善纤维的洁白度和柔软度。

（4）精炼：通过精炼，进一步降低残胶量，提高纤维的松散性、柔软度和洁白度。精炼的方法是将酸洗后的脱胶麻用稀碱液常压煮焖 4 小时以上。

（5）给油：通过给油处理可以给纤维表面包上一层极薄的脂肪膜，使纤维松散、润滑、柔软、损耗率低，纺织时可避免静电作用，减少断头。

（6）烘干：将给油麻离心脱去油水，置烘干机中干燥，得到的就是精干麻。一般的二级煮炼工艺为：原麻拆包分级→浸酸→水洗→一次煮炼→水洗→二次煮炼→打纤及冲洗→酸洗→脱水→给油→脱油→烘干。用于纺高支数的麻还要加进精炼和漂白工艺。

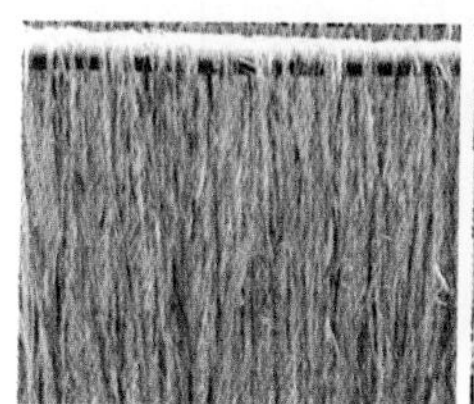

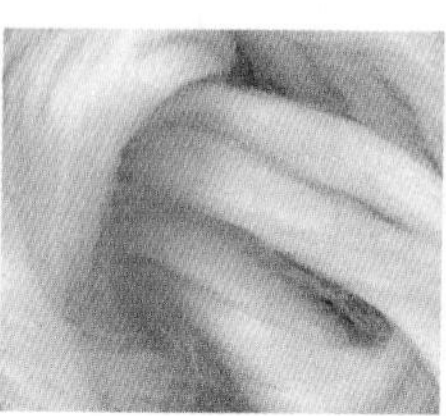

图 9–2　原麻、精麻、麻线

二、生物脱胶

苎麻生物脱胶是利用微生物来分解胶质，达到脱除苎麻胶质目的的技术。随着全球资源、能源的短缺，环保意识的增强，高效节能、低污染的苎麻生物脱胶新技术已日益受到重视。经工厂化生产实践证明，该技术既适宜于原有苎麻化学脱胶企业的改造，又适宜于苎麻产地兴建乡镇企业，就地把苎麻加工成具有高附加值的工业半成品或成品。

生物脱胶的工艺流程为：

扎把→装笼→菌种制备→接种→生物脱胶→洗麻→渍油→烘干

（1）扎把：将大捆生苎麻麻包按品种、批号、等级分开，然后打开麻包，将麻包中的小麻束一一散开，抖松并去掉麻屑、泥土等杂物，再扎成重量适宜、松紧合适的麻把。

（2）装笼：将扎好的麻把袋入麻笼，每笼装麻 500 kg，保证装笼松紧适度。最好采用干式装笼，不浸水也不浸酸。因生物脱胶浸水与不浸水的效果不一样，浸酸更会产生不利影响，浸酸后，若水洗不干净，对酶的活力有很大影响。

（3）菌种制备：保藏菌在适宜条件下扩培5~6小时。

（4）接种：扩培菌液按一定比例适当稀释后，浸泡苎麻数分钟。

（5）生物脱胶：接种后的苎麻在适宜条件下，发酵5~7小时，麻把软化，纤维分散。脱胶时的pH值、温度要根据选用的微生物的最适pH值、最适温度和产酶pH值、产酶温度确定。

（6）洗麻：既可采用圆盘式洗麻机洗麻，也可采用罗拉式直型开纤机或洗麻机洗麻，产脱胶关键酶使胶质容易除去，所以生物脱胶的洗麻要求轻拷重洗。

（7）渍油：因生物脱胶纤维表面不及化学脱胶的光滑，比表面大，渍油时的上油率相对较高。

（8）烘干：干燥方法有晾晒、烘房或烘干机烘干等。

第二节　黄麻、红麻脱胶技术

一、黄麻脱胶技术

黄麻初步加工过程一般称为脱胶或精洗，没有经过脱胶的麻称为生麻，经过脱胶的麻称为熟麻或精洗麻。黄麻脱胶的方法可分为三类，即生物脱胶、化学脱胶和机械脱胶。一般黄麻大多采用生物脱胶的方法。黄麻的生物脱胶就是利用果胶分解酶使纤维分离的过程。各种麻类含的有机物不同，因此都有其最优良的果胶分解菌品种，而 *Bacillus corchorus* 是黄麻最好的发酵菌。

黄麻生物脱胶有天然细菌脱胶与培养细菌脱胶之分。细菌脱胶过程中的变化与性质，可分为物理变化期、生物变化期和机械操作期。物理变化期细菌虽然没有起发酵作用，但与细菌的发育和繁殖有重大关系，提高水温能缩短物理变化期。紧接着物理期之后，便进入生物变化期，这一时期的生物化学过程是决定纤维脱胶最关键时期，脱胶的纤维品质主要决定于生物变化期。在这时期内细菌的活动是最强烈而活跃的。这时在麻皮表面可见到灰白色的黏性物质，纤维束渐渐松开，手触感觉黏滑而柔软，用手将根部纤维轻轻撕开，纤维呈网状。这就标志着发酵已达适度，要立即进行捞洗。发酵作用到达终点以后，如继续浸渍水中，虽时间极短，然而存在于纤维束间的胶质物将分解，纤维束分离为单纤维，强力大大减低或消失。一般脱胶至七成时，即可开始捞洗，脱胶至八成时，纤维分离良好，强力也大，为脱胶最适宜的程度，这时应全面捞麻漂洗，除净分解物质，拷软部分硬皮，然后利用日光晒干。

微生物的发酵作用对外界环境具有一定的要求，影响发酵的因素有浸渍液中的营养、pH 值、水温、水的性质、原料品质等。微生物在发育、繁殖过程中需要一定的营养，其中最需要的是碳源和氮源，而且两者之间具有一定的比例。水是微生物的生命要素之一。微生物细胞中常含水 80%~90%，一切营养物质必须溶于水才能为微生物选择吸收。一般水质以软水为佳，即一般河水、湖水、池水等，因其含有大量的有机物质，可供作细菌的养料。石灰质或其他矿物质硬水将抑制细菌的发育和繁殖。一般泉水、消毒过的自来水是不适于浸麻的。水的深度与水温有关。水过深，上下层水温相差大，使脱胶不匀，造成上熟下不熟的现象；水太浅时纤维接触污泥，熟麻色泽差。一般水深保持 200~330 cm，上下层水温差不超过 0.5~1℃为宜。水流速度影响发酵时间。在池水中浸麻，发酵最快，潮水涨落的水中浸麻，发酵最慢。但是死水多次浸麻由于有机酸积累多，发生混浊，并抑制细菌的繁育，脱胶不匀，纤维色泽也差。所以在缓流的水中浸麻最为理想，对于水温和细菌密度影响很小，而又能保持水源清洁，酸度不至过度增大。浙江农民利用钱塘江两岸河湾浸麻，熟麻色泽好，品质高。印度、孟加拉国收购黄麻是按地区分等的，主要是某些地区水源较好，熟麻质量较高的缘故。

水温变化是影响发酵过程的最主要因素。一般黄麻发酵菌最适宜的温度是 30~35℃，水温愈高，发酵愈快，其熟麻品质也愈好。但是温度高于 42℃时对发酵菌的生长、繁殖受到影响，而水温低于 10℃，则几乎停止活动。在水温 32℃情况下，9~13 天即可完成发酵。

黄麻果胶分解菌最适宜 pH 值为 7.0~7.5，它在微碱性环境中生长较好。利用池水多次浸麻后，发酵时间大大延迟，主要是因为 pH 值不断降低。利用流水浸麻时，不存在酸度高的问题。以不同品种的生麻比较，圆果种发酵时间比长果种短。以干麻与鲜麻比较，鲜麻发酵比干麻快，因鲜麻含水量较高，胶质尚未失水干涸。以同一品种的嫩麻、新麻与老麻、陈麻比较，嫩麻、新麻比老麻、陈麻发酵快。留种麻发酵时间最长。熟麻品质，鲜麻脱胶较干麻为高，不但拉力强，出麻率也高。轻病斑对发酵时期影响不大，病斑部分也能脱去。但重病斑由于病菌已侵入纤维层，脱胶后熟麻仍有棕褐色斑块。

二、红麻脱胶技术

红麻脱胶大体上与黄麻一致，历来采用天然水浸沤洗方法，即把麻茎或从麻茎上剥下的麻皮浸没在天然水域（池塘、沟渠、河畔、湖泊和水田等）中，以野生微生物在自然条件下对其进行发酵，脱去胶质，精洗出熟麻。这一脱胶过程存在许多弊端，采用陆地湿润脱胶可以克服这些弊端。所谓陆地湿润脱胶，就是把麻茎或麻皮堆积在陆地上，接种微生物后，采用经常洒水的办法保持一定湿度，以薄膜覆盖保温，进行有氧发酵，从而达到脱胶的目的。实践证明，陆地湿润脱胶技术具有如下优点：①不占用水面，现有水面可用于发展水产养殖业；②脱胶对水体污染减轻 80% 以上；③改善劳动环境，麻农不需在深水、臭水中扎排、拆排；④脱胶周期短，可适当推迟黄麻红麻收获期，以增加单位面积的纤维产量；⑤可提高熟麻精洗率 3~4 个百分点，提高熟麻品质 1~2 个等级；⑥不损坏排灌机耕设施，减少了春耕前的清淤工作量。

第三节　亚麻、汉麻脱胶技术

一、亚麻脱胶技术

（一）生物浸渍发酵过程

亚麻的生物浸渍是麻茎果胶发酵的过程。这种过程多由于细菌分泌的酶而引起。麻茎浸渍过程，主要分两个发酵阶段。发酵第一阶段时，麻茎中可溶性物质以及 40% 果胶为细菌所分解，浸液是黄色，后变棕色。溶解的物质均为细菌良好的养料。第二发酵阶段，麻茎中不易溶解的果胶继续被细菌分解，产生二氧化碳、醋酸、丁酸、甲酸、矿物质等，溶液酸度也逐渐增强。在浸渍中首先中胶层的果胶物质受到破坏，其次是形成层或生长组织层，然后是髓部，最后是纤维束中的薄壁细胞以及联系着厚壁表皮细胞和维管束的外部薄壁细胞受到破坏。浸渍过程中，微生物通过气孔和损伤的裂纹处进入茎部，破坏茎内部的果胶，使纤维与木质部分离。浸渍过程是一个复杂的生物过程，所需时间依赖于一系列因素，如水温、水质、品种，以及浸渍季节等。

（二）浸渍法

1. 露浸法

亚麻的露浸法是一种简单的加工方法。将麻茎平铺草地或其他田地上，日晒夜露，使细菌逐渐繁殖起来，它会把纤细而呈胶质状的菌丝伸展到韧皮的薄壁组织里破坏果胶，使纤维分离出来。由于麻茎在地面上受露浸的程度不同，靠地面部分以及压在下面的麻茎，要比铺在上层的麻茎较早地完成浸渍过程。亚麻的露浸必须在露浸期内翻动几次，尽可能地避免发酵不匀，减少损失。

一般露浸法适宜的条件是：温度在 15~20℃，空气相对湿度为 60%，麻茎的湿度在 40% 以上。露浸的场地要选择地势平坦，排水良好，最好有矮密的草层，这样露水能整天保留下来，选小麦茬也可以。地势高低不平，或者铺放在沼泽地带，特别是接近地下水的草地，露浸效果不好，纤维品质也不高。铺放麻层的厚度以 2~2.5 cm 为宜。露浸时间一般 20~40 天。但在稳定的、温暖而湿润的气候条件下，7~10 天即可完成发酵过程。

亚麻沤好时，麻茎变银灰色，迎着太阳光线看去，麻茎发出银白色的亮光，用手敲打麻茎有时飞出黑色灰尘。为判断亚麻沤浸程度，可采取湿茎与干茎鉴别法。湿茎鉴别：①每天早晨露水特别大或雨后，麻茎水分达到饱和状态时，沤好的亚麻表现出在靠麻茎梢部为全长 2/3 处折断，容易抽出 10 cm 长麻骨，不带纤维；②用拇指和食指连续掐断麻茎，发出清脆的响声，麻茎粗，木质部发达，响声就大，麻茎细，木质部不发达，响声不明显。干茎鉴别：①晴朗干燥天气，空气湿度不大，把干茎弯成短弓形，麻皮与麻秆产生分离；②用手揉搓靠麻茎梢部 1/3 处，麻茎中的木质部容易从纤维中脱落，麻皮不带死麻屑；③麻皮能从根部一直扒到梢部，麻秆不带麻毛，麻皮内侧具有银白色的底光，即已沤好。

亚麻沤好后，遇到连续雨天不能捆麻时，要把麻秆立成空心伞形麻堆，可以防止沤麻过头。

2. 静水浸渍法

静水浸渍法系利用不流动的水源，进行麻茎的浸渍。常用的沤池有土沤池和改良式沤麻池。土沤池是利用麻田或适当地点，挖掘土坑或在浅流水小溪处修筑圆形或方形堤坝，作为沤麻池。一般池深 1.5 m、长 6 m，可装原基 1500 kg。拔麻后将麻束放入池内，上面铺些乱麻或树枝，再压重石，使麻束上端与水面相距 10~15 cm，麻束下端不触及池底。这种沤麻池，由于不能换水，浸渍不均匀，亚麻原茎与泥土接触，常会腐烂，因此所得纤维品质较差。改良式沤麻池能避免这些缺点，提高果胶分解菌的活动力，它可根据需要来换水，每天调换池水的 1/10，每批麻浸完后，全部换上清水。麻沤熟时，麻茎表皮裂开，纤维与木质容易分离，纤维尖端已不附着于木质部，麻茎折断时有清脆响声，应即取出摊晒，晒至相当时间，再堆成圆锥形，直至晒干，然后捆成小捆，运回贮藏。

3. 流水浸渍法

流水浸渍法系利用湖泊、河流或小溪中的流水进行沤麻，但不适于在流速过大的水源中进行，如果水流过急，浸渍困难，所得纤维很轻，软弱纤细，不光滑，并带有细毛，这是因为流水带走了许多纤维特有的油质及弹性物质（蜡质、脂肪、果胶酸）。一般流水浸渍的适宜条件是：流速不大，水源清洁，无泥土，软水，水温 20~22℃。

4. 温水浸渍法

温水浸渍法的优点是能控制水温（33~38℃），造成对发酵菌最适宜的条件，显著缩短发酵过程。试验证明，温水浸渍比冷水浸渍所得纤维百分比提高很多。我国东北亚麻原料加工厂有采用温水浸渍法的传统。一般沤池长 11~12 m，宽 2~3 m，深 1.2~2 m，每池容麻量为 2.5~3.5 t。

5. 加菌浸渍法

加菌浸渍法比温水浸渍法更能缩短发酵过程，并提高纤维品质。在工厂中应用加菌温浸时，首先进行果胶分解菌的培养。浸渍时，将菌液直接倾入浸池中，菌液加入量为全池浸液量的 1%。浸渍完后的麻茎称为水麻，含水 30%~40%，一般小型工厂多将水麻置放晒场上晒干，大型工厂则采用人工烘干。

二、汉麻脱胶技术

汉麻收获后，必须经过沤洗、剥制等初步加工过程，成为精麻或粗麻，才能供工业上用。汉麻沤制方法很多，有冷水浸、热水浸、露浸、雪浸、堆积发酵、青茎晒法、人工培养细菌法以及联合脱胶技术等。我国各地麻区盛行冷水浸渍法，少数采用堆积发酵法和青茎晒制。苏联、美国、法国盛行露浸法，意大利盛行冷水浸渍法，日本盛行热水浸渍法。

汉麻的沤制是一项比较细致的工作，若沤制不足，则脱胶未净，影响品质；沤制过久，则发酵过度，纤维呈丝毛状，严重影响纤维强力，甚至丧失使用价值。安徽麻区有“家里喝杯茶，河里烂掉麻”的农谚。这说明汉麻沤制过程中，发酵程度变化很快，往往上午检查没有沤熟，下午看已沤过头。由于汉麻皮薄，发酵快，在掌握发酵适度方面，它比黄、红、青麻要求更为严格，不能有疏忽。汉麻发酵是否适度，主要应在沤制过程中根据水池中以及麻茎上发生的变化决定。同时，还可以把发酵、晒干后的干茎进行一些简单试验来鉴定。如双手紧握 3~6 根干茎，用力向后弯曲，至折断为止，发酵适度的麻茎，麻骨（木质部）折断，而麻皮不断；如果发酵不足，一些碎片将黏着纤维。或者双手紧拉一束纤维，相隔 10 cm 左右，如果拉断时用力不大，或者没有响声，表明已发酵过度。

（一）冷水浸渍法

汉麻的冷水沤麻，可分为池水沤、河水沤、塘水沤麻三种，一般池水沤麻最好。修筑沤麻池，必须接近有清洁水源的地方，这样沤麻能沤透沤匀，减少胶质，纤维洁白。一般沤麻池长 5~6.6 m，宽 3 m 多，深 133~166 cm，池的两端设置入水井、水口和排水口，池底及四壁用石头泥。在沤麻之前，先将池内冲洗清洁，然后将收割后的麻茎打去麻叶，捆成小捆，装入池中，上边再用树枝、石头压好，然后把清水引入池中，使麻基全部投入水中，直到水位高出麻捆 16.5 cm 为止。此后应随时注意池中发酵情况，当池水变灰绿色，水发臭，水面浮起一层小泡沫，应即抽出麻茎检查，看到麻茎上根梢部满布小水泡，手摸麻茎黏滑，手撕麻皮易与麻骨分离，说明已达发酵适度，应即出池淋洗，除去麻茎上的污杂物，然后竖立池边或草地半天后再进行摊晒，经过浸露和阳光晒可使麻皮变白。麻茎晒干后，即可收贮，至农闲时剥麻。伏麻质嫩，沤时水温 20~25℃，2~3 天即沤好；秋麻质老，水温 20℃左右，7~8 天沤好。

（二）热水浸渍法

日本广岛、熊本等县盛行热水浸渍法，先将去叶麻茎放入蒸桶或蒸箱中密闭，蒸煮 2~5 小时，然后用冷水浸渍 30 分钟，再剥皮洗净。此法优点在于出麻率高，纤维品质优良。缺点是剥制成本高。

（三）露浸法

美国、法国等国盛行此法，将鲜茎摊铺草地，使日晒夜露，在发酵过程中必须翻动 1~2 次，由于霉菌的活动使果胶分解，而分离出纤维来。一般在气温较高情况下，1~2 周即可完成发酵，而在气温较低情况下，需 4~5 周。一般用露浸法脱胶的纤维，带灰色或黑色，品质不好。美国威斯康星州还有采用雪浸法的，将收获后麻茎平铺地面，经过一冬完成脱胶过程，由于脱胶时期过长，往往脱胶过度，甚至成为废品。应用露浸法，检查发酵适度时，可将麻茎中部弯曲，如果木质部与纤维分离，并且形成弓弦状，表明将达发酵适期。或者试扯麻皮，发酵适度的麻茎，其纤维能够从根部完全撕出来，如果发酵不足，则纤维断裂。

我国一般麻区采用冷水浸渍法，麻沤好后还要在草地上摊晒几天，有漂白和脱胶作用。

（四）堆积发酵法

浙江嘉兴部分农民采用堆积发酵法，即将汉麻晒干后，搬到屋内，堆积地上，洒水使麻茎湿润，四周盖上稻草及席条，约经两周后，麻茎上生出绿色霉菌时，即取出洗净，晒干贮藏。农闲时，再漫水后剥皮。用此法剥出来的纤维不像沤制那样洁白柔软，多供作造纸原料。

（五）物理微生物联合脱胶技术

物理微生物联合脱胶技术凭借能够有效提高汉麻精干麻的质量，改善汉麻纤维的可纺性等优点，成为当前较流行的生态脱胶法。生产出更加高档及用途广泛多样的汉麻纺织品，对推动我国麻类行业的发展做出了贡献，为汉麻的工业化、生态化和精细化加工奠定了理论基础。

1. 生物－化学联合脱胶

生物－化学联合脱胶技术是利用生物酶（主要是果胶酶和半纤维素酶）的作用分解原麻中的大部分胶质，然后再辅以化学脱胶的部分工序脱去少量胶质后生产出精干麻的工艺路线。其优点是可以大大减少环境污染、能源和化学药品的消耗，且纤维损伤小，得到的精干麻品质优良，手感蓬松柔软。

2. 化学－机械联合脱胶

将化学脱胶和机械分离相结合可得到脱胶效果较好的精干麻纤维。整个工艺采用较为缓和的化学作用，同时辅以两次交替打麻的机械作用，达到适度脱胶的同时，能够保持适当的强度和长度，为梳理创造了条件。

3. 高温 – 酶联合脱胶

试验发现，将 40 g 干燥汉麻纤维与质量分数为 9% 的 NaOH 辅助剂一起装入 ZQS1 型电热蒸煮锅空转预浸，然后升温至 130℃进行蒸煮，保温。加入 1 : 5 的硫化钠和蒽醌助剂进行高温脱胶后，再将汉麻纤维用果胶酶进行酶处理，得到的纤维中果胶含量下降了 83.3%，半纤维素和本质素含量下降 79.2%。这种方法能够克服单一化学法脱胶对环境污染和单一的生物酶脱胶率低的缺点，且简单易行，不啻为当下汉麻脱胶的新型工艺。

除以上方法外，近些年还涌现出了许多新型脱胶技术，如“闪爆法”“超声波”“临界 CO_2”等脱胶方法，具有清洁、环保、简便、对纤维损伤小等优点，但此类技术目前仍处于研究探索阶段，相信随着科技发展有望实现产业化。

主要参考文献

[1] 熊和平. 麻类作物高产优质栽培技术 [M]. 北京：中国农业科技出版社，2001.

[2] 李宗道. 麻作的理论与技术 [M]. 上海：上海科学技术出版社，1980.

[3] 孙进昌. 红麻天然脱胶技术 [J]. 中国农村科技，1998（4）：38.

[4] 黄培坤. 国际黄麻、红麻脱胶技术研讨会 [J]. 世界农业，1987（10）：55.

[5] 刘正初，彭源德. 黄麻红麻陆地湿润脱胶技术的推广应用 [J]. 中国麻业科学，1995（4）：24–26.

[6] 罗玉成. 汉麻绿色脱胶有多远 [J]. 纺织科学研究，2014（4）：30–31.

第十章 麻类作物综合利用技术

第一节　苎麻（全株）饲用技术

早在20世纪40年代，美国、巴西、西班牙、日本、越南、泰国等国家在苎麻的营养价值研究方面以及用苎麻饲养动物的试验方面做了大量的研究工作，他们不仅商品化生产苎麻叶粉，还将苎麻整株作为饲料。Squibb曾用苎麻、黄豆、香蕉叶、紫花苜蓿饲养猪，研究其蛋白质利用情况，结果表明苎麻效果最好。我国很早就有用苎麻叶饲养牛、羊、猪等动物的历史，用苎麻粉掺入其他饲料中饲养猪、鸡等，比饲喂稻谷的成本低，经济效益高。苎麻蛋白质含量高，年生物产量大，营养成分结构合理，有望成为重要的植物蛋白质饲料来源。深入研究苎麻的饲料价值不仅能增加苎麻的经济效益，还能为我国亚热带地区高蛋白饲料的短缺提供解决途径。

一、饲用苎麻种质资源

饲用苎麻是以收获青绿茎、叶等营养体为目的，可在适宜生育期内多次刈青利用的高蛋白优质饲草，需兼具生物产量高、营养价值高、分蘖力强、再生性和适应性广及喂猪、牛、兔适口性佳等特点。目前饲用苎麻品种的来源有两个方面：一是从现有种质资源中筛选蛋白质含量高、纤维素含量低的苎麻品种作为杂交亲本配制杂交组合或直接用于生产。二是从杂交后代中或种质资源中选择蛋白质含量高、纤维素含量低、发蔸能力强、前期生长快、年生物产量高的材料，通过无性繁殖育成新品种，供生产应用。

从现有种质资源中筛选苎麻品种直接用于生产的研究较多。湖南农业大学杨瑞芳等对保存在资源圃中的 141 份材料进行粗蛋白含量的测定，发现约 85% 的苎麻蛋白含量较高，有饲用价值。康万利等对 120 份苎麻品种通过植物学性状观察筛选出 20 份进行营养品质分析，也发现各品种粗蛋白含量非常高，平均量在 19.78% 以上，和苜蓿不相上下；粗蛋白含量高于 20% 的有 10 份，占所测材料的 50%，其中粗蛋白含量最高的为绥宁青麻，蛋白含量为 23.69%；大部分品种纤维素含量在 20% 左右，适宜做牧草。曾日秋等对从中国农科院麻类研究所引进的苎麻资源及福建已确认可以饲用的地方苎麻资源进行筛选，在饲用苎麻生长动态及其饲用品质研究中通过对饲用苎麻农艺性状、产量表现及饲用品质评价，初步筛选了 2 个饲用苎麻品系入选区试及动物试验。

在饲用苎麻品种选育方面，2004 年中国农业科学院麻类研究所利用湘杂苎 1 号和圆叶青 5 号 S3 杂交，成功研制出世界首个苎麻饲用品种中饲苎 1 号，其干物质年产量比对照苎麻品种湘 3、0104、0106 等平均增产 31.27%，营养品质高，粗蛋白质含量为 22.00%，粗纤维含量为 16.74%，灰分含量为 15.44%，钙含量 4.07%，粗脂肪含量 4.07%，维生素 B_2 含量 13.36 mg/ kg，赖氨酸含量高达 1.02%，是高产优质饲料用苎麻新品种。

二、营养价值及产量

早在 20 世纪 40 年代就有人发现苎麻粗蛋白含量明显高于苜蓿等作物，且营养结构合理，是一种理想的饲料作物。其后又有研究发现，苎麻干叶粗蛋白含量是稻谷粗蛋白含量的 2 倍，玉米的 3 倍，含钙量为玉米的 200 倍，还含有 8 种人畜需要的氨基酸，营养品质稳定，受品种影响较小，粗纤维含量低，适口性强，适合做饲料开发。苎麻的嫩茎叶还具有清热、解毒、消炎、止血等作用，在饲养动物过程中能提高动物的成活率和减少抗生素的用量，从而保证饲养家畜动物的肉和禽类动物肉以及蛋质的安全，为我们提供绿色有机的肉和蛋。

衡量饲用苎麻产量主要考察其特定收获高度的生物量。在我国长江流域，作为饲料用的苎麻每年可刈割 8~10 次，每公顷产鲜茎叶达 150000 kg，相当于 18t 以上干料。饲用苎麻产量和营养远高于其他牧草，如意大利黑麦草每公顷收获的干物质为 9000~15000 kg。在热带地区，作为饲料用的苎麻，每年可收割 14 次，每公顷可产鲜茎叶 300000 kg，即相当于 42000 kg 干料。姜涛等在苎麻饲用资源产量与品质性状的研究中，通过对 33 个苎麻品种的产量研究，发现巫山线麻的产量最高，达 0.37604 千克 / 蔸，高出平均值 36.6%。

三、（全株）饲用技术

（一）栽培和管理

1. 种植技术

苎麻喜爱阳光，对土壤适应性比较广，pH5.5~7.0 的土壤都适宜种植。但在土层深厚、土质疏松、土壤肥沃、排水良好、背风向阳的地方建立麻园为好。饲用苎麻是需肥量较多的作物，应重施基肥。一般每亩施土杂肥 3500~4000 kg，腐熟人畜粪 2000~2500 kg 或腐熟饼肥 75~100 kg，加过磷酸钙 25~30 kg、尿素 10 kg、复合肥 10~20 kg。合理密植，密度 3000~5000 蔸 / 亩。

2. 氮素对饲用苎麻的影响

氮是植物细胞的生命物质，是植物体内氨基酸的组成部分，是构成蛋白质的成分，也是叶绿素的组成部分，其主要作用是提高生物总量和经济产量，改善农产品的营养价值。氮肥可以促进苎麻茎和叶的生长，使茎粗叶茂。氮肥施用量过小，苎麻达不到期望的产量和品质；施用量过大，苎麻易遭风害、病害，成熟期延迟，而且增加投入成本、污染环境、浪费能源。此外，氮肥过多，苎麻纤维细胞壁薄，出麻率和纤维品质低，尤其纤维支数降低。

不同氮肥品种性质差异很大，必须根据土壤特点、作物种类、肥料特性合理选择氮肥。等量氮的增产效果和经济性状均以尿素和碳铵最好，而施用氯化铵会造成氯中毒，使后季和下年苎麻早衰、败蔸，抗旱力明显降低，产量下降。饲用苎麻随着收割次数的增加，必须施加氮肥和配以一定量的钾肥，才可以保证较高的生物产量。

3. 收获技术

苎麻的生长受雨水和温度影响较大，可根据温度和降雨量适当控制收割次数。收割高度影响苎麻的饲用品质，随着苎麻高度的增加，苎麻粗蛋白含量相对降低，苎麻粗纤维的含量随株高增加而升高。因此，为了不影响苎麻的饲用品质，应适当控制苎麻的收割高度。从苎麻的农艺性状来看，收割高度一般以 60~70 cm 为宜，由于 6~8 月雨水充沛且温度适宜，苎麻生长速度较快，所以 6~8 月苎麻收获高度不易控制，年收割次数 8~10 次。新栽麻收割次数控制在 3 次内，以利于地下部分生长和储藏养分，提高再生能力。

图 10-1 饲用苎麻收割

（二）饲用苎麻利用措施

1. 饲养动物

我国很早就有用苎麻嫩茎叶饲养牛、羊、猪等动物的历史。国外也有人认为苎麻是一种很好的动物饲料，并用其饲养牛、羊、猪、兔、鱼及家禽。苎麻嫩茎叶和鲜叶作为反刍动物的饲草，适口性与其他禾本科草无明显差异。试验喂牛的胴体重，屠宰率，肉、骨、皮的比例，肉中水分、蛋白和脂肪的含量，肉的感官品质均与饲喂其传统饲料相近；在奶山羊的日粮中添加苎麻饲料，可以提高其产奶量，但是羊对苎麻干草的适口性较差，不喜食；在猪的日粮中添加适量的苎麻叶粉，增重效果和饲料报酬较高，苎麻鲜叶饲喂猪的效果显著优于青菜或青草；在小鸡日粮中添加苎麻粉，可满足其对维生素 A 和维生素 B_2 的需求，在肉鸡日粮中添加苎麻叶粉效果最好，将苎麻叶粉做成配合饲料饲养小鸡，可获得较高的经济效益；苎麻鲜叶饲喂肉兔，不但可以替代全部青料，而且可以节省部分精料，其经济效益高于牛皮菜和串叶松香草；苎麻叶喂鱼的效果很好，特别是苎麻鲜叶草鱼喜食。

图 10-2　苎麻嫩茎叶饲喂动物

2. 储藏和加工

苎麻嫩茎叶可做青饲料直接喂养，饲用效果很好。但苎麻茎秆易老化、纤维化，为保证其良好的饲用价值，必须将苎麻嫩茎叶通过加工处理。

青贮：青贮有窖贮和打包贮两种方式。青贮技术常用的有加玉米粉混合青贮、加糖青贮、添加发酵抑制剂青贮三种。苎麻嫩茎叶收割后，经日晒或风干使其水分含量降至 50% 左右，通过适当的方式储藏，不但可以长期保持青绿饲料的营养特性，而且可以改善其适口性，提高消化率。

图 10-3　苎麻打包、青贮

（1）苎麻草粉、草砖：将苎麻嫩茎叶切碎，然后晒干或烘干至含水量为12% 左右，用粉碎机碎成草粉或切割压成草砖，既保留了饲料的营养又便于储存、运输和机械化饲喂。

图 10-4　苎麻草粉

（2）苎麻颗粒饲料：以苎麻粉为主原料，加入玉米粉和其他预混料，然后用颗粒机制成直径为 12 cm 左右的颗粒饲料。

图 10-5　苎麻饲料

第二节　麻类副产物综合利用技术

一、苎麻

苎麻是我国重要的出口创汇经济作物。我国苎麻常年种植面积 20 万 hm^2 左右，生物学产量按 21.7 t/hm^2 计算，干物质高达 434 万 t。从干物质产量看，苎麻的叶、壳、骨等副产物达 351 t，相当于纤维产量的 5.6 倍。从目前利用情况看，除纤维用和饲用外，还有其他利用途径，苎麻的综合利用大有可为。

（一）生产麻地膜

塑料地膜其碎片残存在土壤里，破坏土壤结构，造成土壤板结，通透性能差，地力下降，影响作物生长发育和产量。纸地膜虽具有保温保湿、透气性好、抑制杂草生长等特性，有良好的增产作用，其残留地里的纸地膜可以被完全分解，不造成任何污染，也可以回收造纸，但为次性消费品，成本高。如以麻纤维为骨架制成无纺布地膜，再配合浸渍附着不同的肥料或天然抗虫抗菌物质，可使麻地膜具备培肥土壤、防治病虫害的特性。这种增产作用大、无污染的麻地膜无疑有着广阔市场，将极大地促进我国农作物产量提高，保护环境，有利于农业可持续发展。

（二）制造纤维板

苎麻骨中纤维素含量和纤维形态类似阔叶树种，可制作纤维板。用麻骨生产的纤维板坚硬，吸音和隔热性能好，体积稳定，不易变形，易于染色和油漆，机械加工和胶合利用方便，有些特性胜过木材板。用麻骨可以制作天花板、内墙板和各种桌、椅、床、柜、书架及包装箱等。低密度的麻骨纤维板，用于建筑隔音室或恒温室尤为理想。每公顷苎麻一年可收麻骨 7.5t 以上，用 2 t 麻骨可生产 1 m^3 硬质纤维板或 1.3 m^3 中密度纤维板。2000 hm^2 苎麻的麻骨可供年产 7500 m^3 纤维板厂的原料，年利可获 75 万元，并可节省木材 40000 m^3。

（三）苎麻入药

苎麻根叶均可入药，据《本草纲目》记载：苎麻根有补阴、安胎、治产前产后心烦以及清热解毒和敷治疗疮等效用。20 世纪 70 年代以来，我国医学工作者对苎麻根的化学成分和药理作用进行了研究。经体外抑菌试验证明，苎麻根有机酸、生物碱有抗菌作用，这一研究结果与我国早期医学著作记载苎麻根有清热解毒、治阴性肿毒的功用相符。麻叶中含有绿原酸，加热生成咖啡酸和奎尼酸，对金黄色葡萄球菌有抑制作用。南京药学院曾用苎麻叶中的止血成分绿原酸，人工合成咖啡酸和咖啡酸胺，实验证明两药均能明显缩短出血时间和凝血时间，促进创口结痂。

（四）食用菌培养基

采用打麻机打麻后，收集麻骨和麻壳混合物放到太阳下晒干并粉碎制成粉，这些麻骨壳粉是良好的食用菌培养基。采用机械打麻可收获麻骨壳粉 12.0~13.5 t/hm^2，1 hm^2 麻骨壳粉可提供食用菌培养基 33.75 t（40% 麻骨壳混合物 +40% 木屑 +18% 麸皮 +2% 石灰）使用。

（五）全秆活性炭

部分坡度较陡的山坡地，苎麻以水土保持为主，采用全秆收获用作活性炭。在冬季枯黄后地上部收获（是烧制木炭的原料），干物质产量 10665 kg/hm^2，农业经济效益为 7500 元 / 公顷。麻骨加工成的轻炭是良好的烟花火药辅助料。

（六）其他

麻骨可作造纸原料，还可制造成制作家具和板壁等多种用途的纤维板。麻骨含糖量为 22%~23%，可酿酒、制糖，50 kg 干麻骨，可做 10 kg 饴糖。鲜麻皮上刮下来的麻壳，晒干、槌打后叫“麻绒”，还含有少量纤维，可脱胶提取短纤维，供纺织、造纸或作修船时的填塞材料之用。麻壳还可以用来提取糠醛，是化学工业上的优良精炼溶剂。纤维用苎麻收获后，落叶残骨经腐烂后是一种优质的有机肥料。

二、黄麻

黄麻生产可留下大量的副产物，如：麻秆和麻纤维的下脚料等，据统计每生产 1t 黄麻纤维可残余 2.5t 麻秆。黄麻纤维和麻秆是良好的纤维素资源。目前，国内外，尤其是印度对黄麻副产物的综合利用已进行了较全面的研究，大多数都具有较高的实用价值。

（一）生产纸浆和纸

麻秆含有丰富的纤维素和半纤维素，可取代竹子和树木作为生产纸的原料。用常用的化学制浆法，以麻秆为原料，可生产优质纸浆。麻秆纸浆能生产优质书写纸和印刷纸。另外，黄麻加工中的麻纤维下脚料可用于生产牛皮纸。

（二）麻秆纸板的生产

麻秆可用于生产纸箱板、硬质纤维板和树脂人造板等，具有隔音和隔热的优点。如用 5% 的氧化钙腐蚀麻秆碎片，生成纸浆。将纸浆冲洗、打浆后，配上长纤维纸浆，在手工制板机上压榨 5 分钟（温度 60℃），即可生产良好强度和韧性的纸箱板；用热固性树脂作黏合剂，在适当的温度和压力下，热处理麻秆碎片，即可制成具有良好绝缘性能的人造树脂板，产品可用于间壁、假天花板、装饰和包装等。

（三）木炭生产

麻秆化学成分与硬质木材相似，用低温碳化法，以麻秆为原料可生产成本低的优质木炭。据试验：麻秆碳化后可固定 80%~85% 的碳，如果加工得当，可成为二硫化碳生产的化学碳来源。麻秆利用氯化锌和磷酸作为激活剂，可生产活性炭，用作脱色、脱臭和吸收毒气。

（四）生产化学药品

1. 草酸

以麻秆为原料，用碱熔化或硝酸氧化法可生产优质草酸。不仅纯度高，而且产量高，生产率约为 58%。除麻秆外，其他黄麻副产物亦可生产草酸。生产过程中所用的化学药品可回收 80%。

2. 糠醛

麻秆中戊聚糖的含量是 20.79%，其中约 12.15% 可生成糠醛。据报道：适当条件下，用硫酸处理麻秆，糠醛的理论产量超过 80%，加工使用的硫酸可循环使用。

（五）生产纤维素

麻秆可作为生产纤维素制剂的原料，从纤维素制剂可生产多种产品，如：粘胶、三硝酸纤维素、醋酸纤维素、羧甲基纤维素和微晶纤维素。

三、红麻

红麻是重要的韧皮纤维作物，传统的工业用途是纺织麻袋、麻布和地毯底布。因具有吸湿、透气、抑菌、可降解等功能而备受市场青睐。美国、日本、印度、中国、德国、澳大利亚等国家在红麻的多用途开发利用方面的研究，已涉及麻纺、造纸、建材、麻塑、吸污、饲料、食用等诸多领域，红麻综合利用潜在市场巨大，已被发达国家视为 21 世纪优势作物。红麻除作纤维用外，其副产物的用途也十分广泛，如：

（一）红麻人造纤维板

大连工业大学王晓敏等利用麻秆制浆废液和废弃麻芯制成具有一定强

度、适当密度值的板材，可作为包装材料制造包装箱、托盘等；日本京都大学和南京林业大学共同研发了将红麻韧皮纤维经多层叠加加工成红麻板材的技术，该红麻板材具有轻、薄、透气性好、强度大等优点，其强度是目前用于木结构墙壁的强化材料的 3.2 倍，抗震强度的 2 倍，同时搬运、加工容易，具有广阔的发展前景；福建农林大学杨远才等研究了用红麻作原料得到了阻燃能好、阻燃效果显著、达相关标准要求的红麻轻质阻燃人造板，这一技术可广泛应用于家具用板材、木质住宅和高层建筑特殊建材等相关产业和领域。

（二）麻塑复合材料

麻塑复合材料是一种新型的绿色环保复合材料，这种复合材料是以麻纤维或颗粒为填充物，以回收的废弃塑料为基体制成的。德国的 BASF 公司采用黄麻、剑麻和亚麻纤维为增强材料与聚丙烯热塑性塑料复合，制备出麻纤维增强热塑性塑料复合材料（NMTS），它比玻璃纤维增强热塑性塑料轻 17%，而且不损失其翘曲性，加工方法简单，生产成本较低。马来西亚对红麻纤维强化塑料合成材料（FRPC）的工业应用研发表明，红麻 FRPC 与以前开发的橡树、竹子、油棕壳和油棕叶纤维 FRPC 相比，具有更优越的性能，是高强度的极具潜力的材料。

（三）红麻秆芯是环境友好型吸附材料

由于红麻秆芯有极细的微腔结构，具有很强的吸收性能，因此可用作吸附剂。如制成有毒废物清洁剂，可清除水中油剂污染及土壤中化学污染等。此外，还可用作家畜和宠物的垫褥、下水道污泥堆肥处理的填充剂等。这种吸附材料克服了传统吸油材料的缺点，具有吸油种类多、吸水量小、密度小、回收方便、受压不漏油等优点，在环保方面有广阔的发展前景。

（四）麻炭可作健康、养生、洁净、环保的纳米材料

麻秆经高温炭化后，具有净化水质、净化空气、防腐、释放天然矿物质、产生负离子、释放远红外线、促进血液循环、阻隔电磁波、调节湿度、驱除白蚁等功能。麻炭有细密的微空结构，1 g 麻炭其空气接触表面可宽达

200~300 m^2。因此，可制成食品防腐剂、冰箱异味吸附剂、空气中有毒物的吸附剂、活性炭等，是健康、养生和环保的友好材料

（五）红麻种子油是新型保健食用油和保健产品的重要原料

Mohamed 等人研究表明，红麻种子和棉籽相似，有较高的含油量，并且红麻种子含有独特的脂肪酸组分（高油酸、亚油酸和棕榈酸）。福建农林大学祁建民等用生物技术方法育成了茎秆光滑无刺、种子含亚油酸较高的红麻新型品种金光 1 号，对其种子中各种油脂成分进行了测定和分析，其中软脂酸含量达 22%，油酸达 24.7%，亚油酸则高达 52.08%，亚麻酸为 1.24%，而且口感好。并已建立了由富集亚油酸转化为共轭亚油酸（CLA）及其纯化的技术体系。共轭亚油酸具有提高免疫力、软化心脑血管、抗动脉粥样硬化、降低胆固醇、抗 2 型糖尿病、调节血糖等功效，还具有很强的抗癌活性，对多种肿瘤有明显的预防和抑制作用。

（六）红麻秆芯等废弃物可生产生物能源

中国农科院麻类研究所已开展利用麻类作物剩余秸秆生产乙醇的研究，并取得了成果，这将为其生物能源产业化开发奠定良好的基础。以红麻作为碳源，利用现有的技术还可以生产出大量的甲醇，红麻产生的甲醇量非常大，除去收集时所需的能量消耗外，还有较多的剩余能量。因此以红麻等自然能源作为替代能源的可能性很大。红麻单位面积的生物产量是针叶木材生产量的 4 倍，其生物产量每公顷可达 15~20 t。

（七）其他

红麻根系发达，根部含有丰富的生物活性物质，有去风湿、活血等保健药用价值，根部可生产活性炭和脱臭、脱色剂等。发达的根系群也是极好的土壤改良剂。叶片含有丰富的粗蛋白、粗纤维和木槿酸，幼叶可作蔬菜，老叶可作饼干等食品添加剂或家畜饲料粗蛋白的来源。花色泽丰富，可供观赏，花瓣富含木槿酸，也可作保健茶饮料及染色剂。种子除作油用外，其油粕的粗蛋白含量达 32%，可作饲料添加剂及有机肥料。此外，红麻芯还可作栽培基质。

四、亚麻

我国亚麻的面积和产量在世界上占有一定的地位，把亚麻副产物充分利用起来，不仅能够促进农牧业、渔业、轻工业及食用菌生产的发展，增加收入，变废为宝，而且有利于亚麻的稳步发展，是利国利民的好事。种植亚麻的主要目的是获取纤维，其副产品主要包括种子、麻饼、麻屑、麻壳等，具体利用如下。

（一）种子产品

1. 亚麻籽油

亚麻籽油中富含人体必需的 Omega−3（α－亚麻酸）和 Omega−6（γ－亚麻酸和亚油酸）脂肪酸。其 Omega−3 占到亚麻油脂肪酸的 57%，是鱼油的 2 倍，有“陆地上的深海鱼油”之称。食用亚麻籽油有降血脂、降糖、降压功能，保健性能在一些方面还优于鱼油。英国、意大利、澳大利亚、加拿大等 30 多个国家已批准将亚麻油作为营养添加剂或功能性食品成分使用。

亚麻籽油的美容保健产品也开发很多。例如，以亚麻籽油为原料制造的皮肤保健品有营养面乳、面部皮肤保湿乳、眼皱霜、洗面奶、皮肤营养液、可吸收面膜、全身皮肤营养保湿乳、沐浴液、去死皮沐浴液、手和指甲乳、脚皲裂膏、脚霜、亚麻籽肥皂等；护发美容品有普通发质及干性发质洗发乳、敏感发质和受伤发质洗发乳、美发发胶、美发喷剂、造型发胶、美发护发乳等。

2. 亚麻籽胶

亚麻种子含亚麻胶 7%~9%。亚麻胶是一种高级食品添加剂，亚麻胶乳化性以及发泡性和泡沫稳定性远优于其他食品胶，尤其是发泡性应用于冰淇淋制造中尤为突出，因此被正式列为食品添加剂。据有关资料，国内仅冰淇淋一项，每年可使用亚麻胶 15000 t 左右；国外仅美国、日本、澳大利亚三国用亚麻籽胶作为冰淇淋的发泡剂，估计每年用量可达 4 万 t。

3. 膳食纤维素

膳食纤维素主要是指不能被人体消化吸收的多糖或抗原性低聚糖，它包括纤维素、半纤维素、木质素、果胶及亲水胶体物质。亚麻种子、亚麻根中含有10%~15%的膳食纤维素，对糖尿病、大肠癌有预防作用，有助于控制肥胖症，可降低胆固醇，从而减少冠心病发生和死亡。

4. 木酚素

亚麻种子中含木酚素1%~1.5%，其含量比其他测定过的66种食品高出100~800倍。木酚素作为植物雌激素的一种，能促进人体肠内酯和肠二醇的产生，从而抑制人体乳腺癌的生长，即减少乳腺肿瘤的大小和减少其产生的概率；能增加绝经期妇女阴道细胞成熟，显示其雌激素活性，显著地减轻妇女绝经期症状；能影响胆酸以及胆固醇的新陈代谢，预防结肠癌；能增加自身免疫功能，减缓肾功能的衰退；还可以预防前列腺癌的发生和扩散。

5. 特种饲料

亚麻种子提取亚麻油和亚麻胶后剩下的渣粕是一种含有30%~38%蛋白质的优质饲料，可用于鸡、鸭、猪、牛的添加饲料。提取亚麻油后的饼粕中残留的亚油酸和亚麻酸占饼重的4%左右，作为鸡饲料喂养的鸡所产的鸡蛋胆固醇下降，其亚麻酸和亚油酸比普通鸡蛋高18倍左右，因此，食用这种鸡蛋不必担心胆固醇增高。

（二）麻饼的利用

麻饼出产率高（1 kg亚麻籽出0.52 kg麻饼），有效营养成分高，其中含有蛋白质33.3%、脂肪8.6%、纤维素7.8%，是牲畜、家禽的优良饲料，同时，也可以作为味精、酱油、塑料等原料，经过沤制发酵后也是一种很好的有机肥料。用亚麻饼掺拌玉米面、麸皮和糖等饲料喂牛、猪，既节省饲料，适口性强，又生长快，易上膘。因此，亚麻饼是牲畜饲料的主要来源之一。

（三）麻屑的利用

1. 麻刀灰的制作

将麻屑内混有的短麻筛选后切成长0.3~0.6 cm，可代替麻刀制作麻刀灰，用于室内墙壁抹灰。其优点为表面光滑、结实、不易开裂，优于市场上常用的麻刀，是建筑材料方面值得推广的新技术，其经济价值也相当可观。

2. 麻屑板的加工

用麻屑还可生产亚麻纤维板，2000 kg 的干麻屑可生产约 1 m^3 硬质纤维板。以亚麻亩产 250 kg 原茎计算，5 万亩亚麻经原料厂加工后除产纤维 2000 t 外，其副产品麻屑 8000 多吨，可建一座年产 4000 m^3 的纤维板厂，每年可创产值 1200 多万元，获纯利 600 万元，同时节约木材 8 万 m^3 左右，可解决 200 多人的就业问题。亚麻板是室内装潢、木器加工的优质材料，还可做枕木垫片，具有防冻性能。

3. 食用菌生产

麻屑用于食用菌生产可变废为宝，大大提高经济效益。用麻屑生产的食用菌，除平菇外，还可栽培风尾菇等。栽培方法有塑料袋栽制或阳畦栽培。利用时需注意麻屑是否霉变，用前应在阳光下曝晒两天，并切成 2 cm 左右的碎屑。配料时，麻屑需浸泡 24 小时以上，栽培料的 pH 值以 5.5~6.5 为适宜。

（四）麻壳的利用

1. 化工染料

亚麻壳成分为：纤维素 58%~60%，粗蛋白质 9%~10%，粗脂肪 4%~5%，可溶性糖 4%~5%，无机灰分 18%~19%，此外，还有果胶质、木质素、半纤维素等成分。它可以用来提取糠醛，是化学工业上的精炼溶剂，又是树脂塑料染料。

2. 饲料

亚麻壳营养成分丰富，用亚麻壳与玉米粉、麸皮或马铃薯渣搭配喂猪、牛、羊，适口性强，上膘快，是较为理想的饲料。

3. 食用菌生产

亚麻种子脱粒后下脚料即为亚麻壳，经测试其主要营养成分粗蛋白质、粗脂肪和纤维素含量分别比棉籽皮高 5.47%、1.14% 和 10.88%，糖分含量比棉籽皮少 13% 左右，是理想的食用菌培养料。

（五）药用价值

亚麻籽除可榨油食用外，它在医学上的用途也很大。公元11世纪，苏颂著的《图经本草》中称亚麻籽有养血、祛风、补益肝肾的功能，用来治疗病后虚弱、眩晕、便秘等病。中医和藏医早已用宿根亚麻的花果治病，有通经活血功效，可治疗子宫淤血、经闭、身体虚弱等。

五、汉麻

进入20世纪90年代以来，随着现代工业化规模不断壮大，产生的资源消耗和环境污染对人类生活造成越来越严重的影响。为此，人们提出了发展低碳经济的要求，而汉麻是一种高值的、可再生的生物资源，它的综合利用将对纺织工业的产业结构调整，发展我国低碳经济起着重要作用，具有显著的现实意义。

汉麻的韧皮、秆芯、籽和叶、花等都有很高的利用价值，据测算，1000万亩汉麻全面综合利用后，每年可为国家提供75万t纤维、500万t木材、250万t木浆、50万t高档食用油，实现工业产值1000多亿元，利税200亿元以上，并带动当地经济全面发展。近年来开展了汉麻综合利用研究，并取得了一系列的研究成果，除用作传统的纺织和造纸工业以外，还有以下几个方面：

（一）汉麻秆芯活性炭

汉麻秆芯具有轻质多孔结构，因此是生产活性炭的最佳原料之一，以汉麻秆芯为原料生产的活性炭，比表面积都在2000 m^2/g，最高可达3400 m^2/g，是目前已知性能最好的活性炭之一，可广泛应用于防化服和工业防毒服。而且采用纳米二氧化钛光触媒技术，在紫外光作用下，汉麻秆芯活性炭能够很好地分解甲醛等有害气体，其分解率可达60%以上。

（二）汉麻秆芯用作防弹木质陶瓷

碳化硅陶瓷是国际防弹陶瓷研究领域内的热点，而采用多孔的汉麻秆芯粉压缩板为坯料，碳化后注硅，再通过1500~1700℃高温进行反应性烧结制备出的碳化硅板材，既因为多孔结构而质量较轻，又比传统的碳化硅陶瓷具有更高的防护性能，可广泛地应用于防弹车、防弹帐篷、防弹插板等。以汉麻秆芯制备的碳化硅防弹插板，与我军现装备的三氧化二铝防弹插板相比，不仅防护系数有所提高，而且每块轻 400 g，对减轻士兵携重，提高防护水平具有重要意义。

（三）汉麻秆芯黏胶纤维生产技术

研究表明，汉麻秆芯中纤维素含量约为 50%，与针叶木、阔叶木接近，木质素含量比木材低，采用汉麻秆芯生产黏胶纤维，不仅实现了生物质资源综合利用，而且可以缓解我国黏胶原料严重不足的问题。此外，生产出的黏胶纤维具有天然的抑菌性和防紫外性，是一种新型功能型黏胶纤维，附加值远高于普通棉短绒黏胶纤维。

（四）汉麻秆芯超细粉体改性聚氨酯

汉麻秆芯具有丰富的孔穴结构，良好的吸湿性，采用超细汉麻秆芯粉对聚氨酯进行改性研究，可制备高性能防水透湿型聚氨酯。目前采用汉麻秆芯超细粉体改性的高防水透湿涂层胶已广泛用于各类涂层服装生产，并在我军多种面料和雨衣中得到应用。

（五）汉麻籽油

汉麻籽具有丰富的营养成分 ，蛋白富含人体必需的 8 种氨基酸，被美国人称为“全蛋白粉”。汉麻籽榨出的油，不饱和脂肪酸含量达到 90% 以上，特别是富含 γ－亚麻酸和亚油酸。采用汉麻籽蛋白或汉麻籽油作为食品原料，可以有效调节食品的营养结构，提高食品的保健功能。汉麻籽易消化，可被用于鸟类、鱼类以及一些反刍动物的饲料。汉麻籽油除供人和动物食用、药用外，还可以做工业润滑油、油漆、抛光剂、印刷染料、肥皂和化妆品等。

（六）汉麻纤维增强材料

汉麻纤维比重小、单纤维强度高、耐热性好，是理想的纤维增强材料。采用聚丙烯（PP）作为基体材料，汉麻加工中的落麻作为增强材料，研发出的汉麻增强聚丙烯复合材料，可用于活动营房的外围结构内衬板、隔断板、

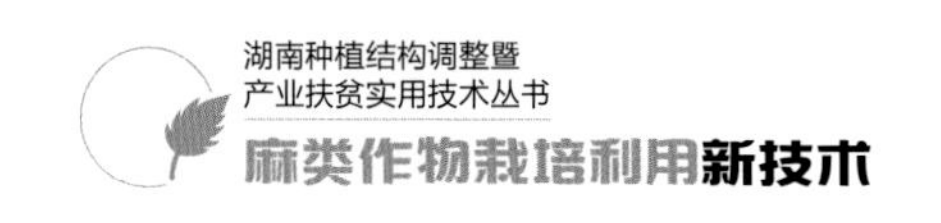

结构顶板及部分军用包装材料和车辆方舱内饰板，具有重要的经济价值。

（七）在其他领域的应用

汉麻纤维是现代生物产业最具发展潜力的基础材料之一，它能够替代污染严重、能耗极高的玻璃纤维，制成各种复合建筑材料，如汉麻纤维板、绝缘材料和汉麻水泥砖等。以麻纺厂废弃的短纤维为原料可以制成无纺布、地毯、麻纤维木质陶瓷等，其独特的环保性能备受发达国家青睐。以麻纤维为骨架可以制成环保型的可降解渗水覆盖膜、防水覆盖膜、植物培养基布和包装袋等。通过在汉麻纤维中添加各种不同植物纤维和黏合材料可以制成环保美观的墙布产品。麻籽壳经过加工处理，可以作为动物饲料。

主要参考文献

[1] 熊和平. 苎麻饲用价值和方法的评介 [J]. 饲料研究，1989（4）：19−21.

[2] 李亚玲，任小松，杨燕，等. 西南地区饲用苎麻发展优势及对策 [J]. 耕作与栽培，2016（5）：62−63.

[3] 郭婷，佘玮，肖呈祥，等. 饲用苎麻研究进展 [J]. 作物研究，2012，26（6）：730−733.

[4] 刘佳杰，马兰，周韦，等. 我国饲用苎麻青贮加工机械调研与技术途径研究 [J]. 中国麻业科学，2017（5）：264−270.

[5] 屈冬玉，杨旭. 小康之路——西部种养业特选项目与技术 [M]. 北京：科学普及出版社，2006.

[6] 朱中秋，廖元兵，刘小琴，等. 坡耕地种植苎麻综合利用技术及效益分析 [J]. 现代农业科技，2016（20）：33−34.

[7] 陶爱芬，张晓琛，祁建民. 红麻综合利用研究进展与产业化前景 [J]. 中国麻业科学，2007，29（1）：1−5.

[8] 骆云中. 黄麻副产物的综合利用 [J]. 中国麻业科学，1989（1）：26.

[9] 金关荣，傅福道，彭源德，等. 南方冬（春）播亚麻产业化关键技术及副产品多梯度利用研究 [J]. 中国麻业科学，2004，26（4）：193-195.

[10] 刘飞虎，刘其宁，梁雪妮，等. 云南冬季纤维亚麻栽培 [M]. 昆明：云南民族出版社，2006.

[11] 武跃通. 亚麻高产栽培与综合利用技术 [M]. 呼和浩特：内蒙古教育出版社，1992.

[12] 张华，张建春，张杰. 汉麻——一种高值特种生物质资源及应用 [J]. 高分子通报，2011（8）：1-7.

[13] 张建春，张华. 工业用大麻纤维综合开发研究 [J]. 中国麻业科学，2007，29（s1）：63-65.

[14] 郭丽，王明泽，王殿奎，等. 工业大麻综合利用研究进展与前景展望 [J]. 黑龙江农业科学，2014（8）：132-134.

图书在版编目（CIP）数据

麻类作物栽培利用新技术 / 揭雨成主编. -- 长沙 :湖南科学技术出版社, 2020.3（2020.8 重印）
（湖南种植结构调整暨产业扶贫实用技术丛书）
ISBN 978-7-5710-0417-0

Ⅰ. ①麻… Ⅱ. ①揭… Ⅲ. ①麻类作物－栽培技术②麻类作物－综合利用 Ⅳ. ①S563

中国版本图书馆 CIP 数据核字(2019)第 276112 号

湖南种植结构调整暨产业扶贫实用技术丛书
麻类作物栽培利用新技术

主　　编：揭雨成
责任编辑：欧阳建文
出版发行：湖南科学技术出版社
社　　址：长沙市湘雅路 276 号
　　　　　http://www.hnstp.com
印　　刷：长沙新湘诚印刷有限公司
　　　　　（印装质量问题请直接与本厂联系）
厂　　址：长沙市开福区伍家岭街道新码头 9 号
邮　　编：410008
版　　次：2020 年 3 月第 1 版
印　　次：2020 年 8 月第 2 次印刷
开　　本：710mm×1000mm　1/16
印　　张：12.25
字　　数：160 千字
书　　号：ISBN 978-7-5710-0417-0
定　　价：38.00 元
（版权所有 · 翻印必究）

湖南种植结构调整暨产业扶贫实用技术丛书

常绿果树栽培技术

落叶果树栽培技术

棉花轻简化栽培技术

麻类作物栽培利用新技术

栽桑养蚕新技术

西瓜甜瓜栽培技术

蔬菜高效生产技术

茶叶优质高效生产技术

中药材栽培技术

园林花卉栽培技术

饲草生产与利用技术

稻渔综合种养技术

maleizuowu
zaipeiliyongxinjishu

责任编辑：欧阳建文

责任美编：殷　健

设计人员：何　纯　许立志

定　价：38.00 元